T0216313

Wissenschaftliche Reihe
Fahrzeugtechnik Universität Stuttgart

Reihe herausgegeben von

Michael Bargende, Stuttgart, Deutschland

Hans-Christian Reuss, Stuttgart, Deutschland

Jochen Wiedemann, Stuttgart, Deutschland

Das Institut für Fahrzeugtechnik Stuttgart (IFS) an der Universität Stuttgart erforscht, entwickelt, appliziert und erprobt, in enger Zusammenarbeit mit der Industrie, Elemente bzw. Technologien aus dem Bereich moderner Fahrzeugkonzepte. Das Institut gliedert sich in die drei Bereiche Kraftfahrwesen, Fahrzeugantriebe und Kraftfahrzeug-Mechatronik. Aufgabe dieser Bereiche ist die Ausarbeitung des Themengebietes im Prüfstandsbetrieb, in Theorie und Simulation. Schwerpunkte des Kraftfahrwesens sind hierbei die Aerodynamik, Akustik (NVH), Fahrdynamik und Fahrermodellierung, Leichtbau, Sicherheit, Kraftübertragung sowie Energie und Thermomanagement – auch in Verbindung mit hybriden und batterieelektrischen Fahrzeugkonzepten. Der Bereich Fahrzeugantriebe widmet sich den Themen Brennverfahrensentwicklung einschließlich Regelungs- und Steuerungskonzeptionen bei zugleich minimierten Emissionen, komplexe Abgasnachbehandlung, Aufladesysteme und -strategien, Hybridsysteme und Betriebsstrategien sowie mechanisch-akustischen Fragestellungen. Themen der Kraftfahrzeug-Mechatronik sind die Antriebsstrangregelung/Hybride, Elektromobilität, Bordnetz und Energiemanagement, Funktions- und Softwareentwicklung sowie Test und Diagnose. Die Erfüllung dieser Aufgaben wird prüfstandsseitig neben vielem anderen unterstützt durch 19 Motorenprüfstände, zwei Rollenprüfstände, einen 1:1-Fahrsimulator, einen Antriebsstrangprüfstand, einen Thermowindkanal sowie einen 1:1-Aeroakustikwindkanal. Die wissenschaftliche Reihe „Fahrzeugtechnik Universität Stuttgart" präsentiert über die am Institut entstandenen Promotionen die hervorragenden Arbeitsergebnisse der Forschungstätigkeiten am IFS.

Reihe herausgegeben von

Prof. Dr.-Ing. Michael Bargende
Lehrstuhl Fahrzeugantriebe
Institut für Fahrzeugtechnik Stuttgart
Universität Stuttgart
Stuttgart, Deutschland

Prof. Dr.-Ing. Jochen Wiedemann
Lehrstuhl Kraftfahrwesen
Institut für Fahrzeugtechnik Stuttgart
Universität Stuttgart
Stuttgart, Deutschland

Prof. Dr.-Ing. Hans-Christian Reuss
Lehrstuhl Kraftfahrzeugmechatronik
Institut für Fahrzeugtechnik Stuttgart
Universität Stuttgart
Stuttgart, Deutschland

Kangyi Yang

Simulative Untersuchung zur Effizienzsteigerung des Nutzfahrzeugantriebs mittels eines auf Rankine-Prozess basierenden Restwärmenutzungssystems

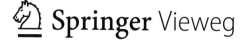 Springer Vieweg

Kangyi Yang
IFS, Fakultät 7 Lehrstuhl für
Fahrzeugantriebe
Universität Stuttgart
Stuttgart, Deutschland

Zugl.: Dissertation Universität Stuttgart, 2023
D93

ISSN 2567-0042   ISSN 2567-0352 (electronic)
Wissenschaftliche Reihe Fahrzeugtechnik Universität Stuttgart
ISBN 978-3-658-43654-4   ISBN 978-3-658-43655-1 (eBook)
https://doi.org/10.1007/978-3-658-43655-1

Die Deutsche Nationalbibliothek verzeichnet diese Publikation in der Deutschen Nationalbiblio-
grafie; detaillierte bibliografische Daten sind im Internet über http://dnb.d-nb.de abrufbar.

Planung/Lektorat: Carina Reibold
Springer Vieweg ist ein Imprint der eingetragenen Gesellschaft Springer Fachmedien Wiesbaden
GmbH und ist ein Teil von Springer Nature.
Die Anschrift der Gesellschaft ist: Abraham-Lincoln-Str. 46, 65189 Wiesbaden, Germany

Das Papier dieses Produkts ist recyclebar.

Vorwort

Die vorliegende Arbeit entstand während meiner Tätigkeit als wissenschaftlicher Mitarbeiter im Bereich Fahrzeugantriebe des Instituts für Fahrzeugtechnik Stuttgart (IFS) unter der Leitung von Herrn Prof. Dr.-Ing. M. Bargende.

Mein besonderer Dank gilt Herrn Prof. Dr.-Ing. M. Bargende für die wissenschaftliche und persönliche Betreuung der vorliegenden Arbeit sowie die Übernahme des Hauptreferates.

Herrn Prof. Dr. techn. C. Beidl und Herrn Prof. Dr.-Ing. A. C. Kulzer danke ich für die Übernahme des Koreferates.

Besonders bedanken möchte ich mich bei meinem Bereichsleiter Michael Grill für die ständige fachliche Unterstützung.

Außerdem bedanke ich mich bei allen Mitarbeitern des Instituts für Fahrzeugtechnik der Universität Stuttgart sowie des Forschungsinstituts für Kraftfahrzeuge und Fahrzeugmotoren Stuttgart (FKFS), die studentischen Hilfskräfte und Studienarbeiter für die Unterstützung, die gute Zusammenarbeit und die angenehm kollegiale Arbeitsatmosphäre.

Zuletzt möchte ich mich bei meiner Frau Yi Zhao und meinen Eltern, Frau Jinying Wang und Herrn Shengyin Yang, bedanken, die mich während dieser Zeit immer unterstützt haben.

Stuttgart   Kangyi Yang

Inhaltsverzeichnis

Abbildungsverzeichnis

Tabellenverzeichnis

Abkürzungsverzeichnis

0D	Nulldimensional
1D	Eindimensional
3D	Dreidimensional
abs.	Absolut
AGK	Abgaskrümmer
ATL	Abgasturbolader
BBM	Black-Box Model
BP	Betriebspunkt
bzw.	Beziehungsweise
C	Kohlenstoff
C_2H_2	Acetylen
C_xH_y	Kohlenwasserstoff
ca.	Circa
CFD	Computational Fluid Dynamics
CO	Kohlenstoffmonoxid
CO_2	Kohlenstoffdioxid
CRC	Clausius-Rankine-Cycle
DoE	Design of Experiment
DVA	Druckverlaufsanalyse
EB	Einspritzbeginn
ECU	Engine Control Unit
EM	Einspritzmenge
engl.	Englisch
ESC	European Stationary Cycle
ETC	European Transient Cycle
EU	Europäische Union

F	Faktor
FKFS	Forschungsinstitut für Kraftfahrwesen und Fahrzeugmotoren Stuttgart
FRM	Fast Running Model/Schnelllaufendes Modell
FVV	Forschungsvereinigung Verbrennungskraftmaschinen e. V.
Gl.	Gleichung
GWP	Greenhouse Warming Potential
H	Wasserstoffradikal
H_2	Wasserstoff
HC, THC	Unverbrannter Kohlenwasserstoff, sämtliche Verbindungen
HD	Hochdruck
HE	Haupteinspritzung
i.A.	Im Allgemeinen
IFS	Institut für Fahrzeugtechnik Stuttgart
inkl.	Inklusive
IVK	Institut für Verbrennungsmotoren und Kraftfahrwesen
KNN	Künstliche Neuronale Netze
KSG	Bundes-Klimaschutzgesetz
KZ	Kundenzyklus
LET	Low End Torque
LHS	Latin hypercube sampling
Lkw	Lastkraftwagen
LM	Luftmassenstrom
M	Stoßpartner
MLP	Mehrschichtige Perzeptronennetze, Multilayer-Perceptron-Network
MP	Messpunkt
MVM	Mean Value Model/Mittelwertmodell

N	Elementarer Stickstoff
N_2O	Distickstoffmonoxid, Lachgas
ND	Niederdruck
NO	Stickstoffmonoxid
NO_2	Stickstoffdioxid
NO_x	Stickstoffoxid
Nr.	Nummer

O	Elementarer Sauerstoff
ODP	Ozone Depleting Potential
OH	Hydroxyl-Radikal
Opt	Optimierung
ORC	Organic-Rankine-Cycle

p.c.	Per Cento, Prozentual
PAK	Polyzyklische Aromatische Kohlenwasserstoffe
Pkw	Personenkraftwagen
PM	Partikelmasse
ppm	Parts per million

QDM	Quasidimensionales Modell

RBF	Radial Basis Funktion
REFPROP	Reference Fluid Thermodynamic and Transport Properties Database

S	Stufe
SAE	Society of Automotive Engineers
SCR	Selective Catalytic Reduction
SiL	Software in the Loop
sog.	Sogenannt
spez.	Spezifisch
SQP	Sequentielle Quadratische Programmierung
SSE	Sum of Squares Explained
SST	Sum of Squares Total

TEG	Thermoelektrischer Generator

| u.B.v | Unter Beschränkung von |
| usw. | Und so weiter |

VE	Voreinspritzung
VG	Volumengrenze
vgl.	Vergleiche
VTG	Variable Turbinengeometrie

WG	Waste-Gate
WHR	Waste Heat Recovery
WHSC	World Harmonized Stationary Cycle
WHTC	World Harmonized Transient Cycle
WHVC	World Harmonized Vehicle Cycle

| z.B. | Zum Beispiel |
| zus. | Zusätzlich |

Symbolverzeichnis

Lateinische Buchstaben

A	Fläche	m^2
b_e	Spezifscher Kraftstoffverbrauch	g/kWh
c	Geschwindigkeit	m/s
D	Durchmesser	m
d	Distanz/Abstand (Kurbelwinkel)	°KW
g	Größe	-
H	Enthalpie	J
H_u	Heizwert	MJ/kg
h	Spezifische Enthalpie	J/kg
J	Massenträgheitsmoment	$kg \cdot m^2$
L	Längenskalierungsfaktor	-
M	Drehmoment	Nm
m	Masse	kg
n	Drehzahl	1/min
P	Leistung	W
p	Druck	bar
Q	Wärme	J
R	Spezifische Gaskonstante	J/kg K
T	Temperatur	K
t	Zeit	s
u	Spezifische innere Energie	J/kg
V	Volumen	m^3
z	Höhe	m
z	Zylinderanzahl	-

Griechische Buchstaben

η	Wirkungsgrad	-
λ_v	Verbrennungsluftverhältnis	-
μ	Spezies	-

v	Strömungsgeschwindigkeit	m/s
ω	Winkelgeschwindigkeit	rad/s
φ	Kurbelwinkel	°KW
Π	Druckverhältnis	-
ρ	Dichte	kg/m^3
φ	Kurbelwellenwinkel	°KW
ξ_f	Reibungsbeiwert	-
ξ_p	Druckverlustebeiwert	-

Indizes

a	Austritt
Ab	Abführen
Abg	Abgas
AGR	Abgasrückführung
AGT	Abgasstrang, abgeleitet von Englisch: Exhaust Gas Tailpipe
AK	Abgasklappe
AM	Arbeitsmedium
App	Appliziert
B	Brennstoff
D	Verdrängervolumen, engl. Displacement
Diff	Differenz
dyn	Dynamisch
e	Effektiv
e	Eintritt
e	Exponent
Ex	Expansion
Fzg	Fahrzeug
gem	Gemessen
h	Hubvolumen
id	Ideal
IS	Integrationssystem
is	Isentrop
K	Kühler
KM	Kühlmittel

Kond	Kondensation
korr	Korrigiert
L	Luft
l	Liefergrad
LL	Ladeluft
LLK	Ladeluftkühler
LW	Ladungswechsel
max	Maximal
mech	Mechanisch
mi	Indizierter Mittelwert
min	Mindest/Minimal
mot	Motor
n	Nach
NE	Nacheinspritzung
net	Netto
norm	Normiert
OF	Oberfläche
OT	Oberer Totpunkt
Pot	Potential
R	Rohr
red	Reduziert
Ref	Referenz
reib	Reibung
s	Statisch
sim	Simuliert
soll	Sollwert
Sp	Speisepumpe
spez	Spezifsch
T	Turbine
t	Total
Turb	Turbulenz
UK	Unterkühlung
Umg	Umgebung
uv	Unverbrannt
V	Verdampft
V	Verbrennung

V	Verdichter
v	Verbrannt
v	Vor
Verl	Verluste
VR	Variationsraum
vT	Vor Turbine
w	Wand
Z	Zylinder
ZOT	Zünd-OT
Zu	Zuführen
Zyk	Zyklus
Zyl.	Zylinder
Ü	Überhitzung

Abstract

The new introduced CO_2 emission standards pose a great challenge for commercial vehicle manufacturers. In order to meet the CO_2 emission limits, all possible measures must be taken to improve the efficiency of the drive system. Based on the fact that a large proportion of the energy present in the fuel of the modern engines is lost in the form of heat, it is of great interest to recovery the waste heat of the exhaust gas to increase the efficiency of the drive system. For this purpose, the Rankine cycle based waste heat recovery system (WHR) is considered as a promising concept.

In the presented paper, the interactions of the subsystems by integrating a Rankine cycle based waste heat recovery system with an engine of long-haul heavy duty truck are investigated by means of 0D/1D-simulation. In addition, the fuel-saving potential by integrating this waste heat recovery system with the engine is demonstrated.

In order to investigate the integrated system extensively, the subsystems included the engine, the WHR system and the engine cooling system are modeled in detail in GT-Suite. The modelling of the engine is done at first for a two-stage boosted engine, which serves as a basis of comparison. An engine model consists of two parts: the air/fuel path and the combustion model. To complete the air/fuel path it is necessary to build a turbocharger model, which is based on the turbocharger maps. The turbocharger maps in this work are built by scaling a virtual basic map with a scaling method, which is developed by FKFS institute. The combustion model is created as a phenomenological predictive model. The engine model is validated for the steady-state and the transient operating condition and has been proved as a model with high quality. The models of two further engine-turbocharger-combinations, engine with single-stage waste gate turbocharger and engine with variable geometry turbocharger, are derived from the basic model by scaling of the turbocharger maps and modifying the exhaust gas pipes. A comparison of the exhaust gas enthalpy between the different engine-turbocharger-combinations is carried out. The results with regard to the exhaust gas enthalpy of EGR (Exhaust Gas Recirculation) path and EGT

(Exhaust Gas Tailpipe) path have shown that, the different engine-turbocharger-combinations have nearly the same total quantity of the exhaust gas enthalpy from the EGR and the EGT. The variant of the engine with single-stage waste gate turbocharger has more EGT energy enthalpy and lower EGR energy enthalpy in comparison with other variants. The basic model of the two-stage boosted engine is transformed in a fast running model, which is used for the late optimization task.

A Rankine cycle based waste heat recovery system is designed and modeled with the information from literature. The WHR system uses EGR as well as EGT exhaust gas enthalpy as the heat source. A control of the working fluid mass flow is developed by using the component models of the evaporators. The control is applied to the model of the WHR system in the form of a characteristic curve to enable the steady-state as well as the transient simulations. The results of the steady-state simulation with the stand-alone model of WHR system over the entire engine map have shown that, the best efficiency of the system is located in the medium engine speed range with medium and high torque.

The engine cooling system is used as the heat sink for the WHR system. The engine cooling system in the presented project consists of two coolant circuits. A separate low temperature coolant circuit (LT-circuit) with a low temperature radiator (NT-Radiator) dissipates the heat from the charge cooling system to the environment. A high temperature coolant circuit (HT-circuit) with a high temperature radiator (HT-Radiator), which is placed behind the low temperature radiator, is applied to take away the heat of engine and also of EGR-cooler. An engine fan guarantees the sufficient cooling power of both radiators and is controlled by a viscous coupling unit which detects permanently the coolant outlet temperature of the high temperature radiator. The engine cooling system was modeled in a previous project. The integration position of the WHR condenser in the cooling circle is investigated by using the model of the engine cooling system. Due to the much higher coolant mass flow of the HT-circuit in comparison with the LT-circuit it is decided to integrate the WHR condenser into the HT-circuit and direct behind the HT-Radiator. A method to determine the potential for the condensation heat dissipation is developed.

The model of the engine and the model of the WHR system are coupled directly. Consequently, a model of the integrated system is built. This model is used to investigate the interactions between the engine and WHR system. The temperature and the mass flow of coolant at inlet of the condenser are calculated in determining the potential for the condensation heat dissipation at the ambient temperature of 25 °C and the vehicle speed of 80 km/h. They are set as the cooling condition for the WHR system.

The integration of the WHR system has basically four influences of the combustion engine: the shifting of the operating point, the change of the intake temperature, the increase of the back pressure and the change of the pressure drop of the EGR path. Due to the mechanical coupling of the WHR turbine and the engine crankshaft, the torque of the combustion engine is reduced at the corresponding operating point for the unchanged load requirement. A part of the power, which is originally provided by the engine, is replaced with the additional power from the WHR system. The overall system power meets still the load requirement. As a result of the operating point shifting, the fuel consumption is reduced. Because of the applied EGR evaporator by integrating the WHR system with the combustion engine, the intake temperature is unavoidably changed, which influences the engine combustion, the internal energy balance and the NO_x emission. The impact of the increased back pressure by applying the WHR condenser into exhaust gas tailpipe is investigated with a sensitivity analysis at defined operating points of the World Harmonized Stationary Cycle (WHSC). The different engine-turbocharger-combinations are investigated. The simulation results have shown, that the increased back pressure results in deterioration of the fuel consumption and the NO_x emission. The deteriorations of the fuel consumption and the NO_x emission with every 20 mbar increase of the back pressure are summarized in a table. The results can be used as an orientation for the future development of the WHR system. The change of the pressure drop of the EGR path has an impact on the boost pressure and the EGR rate. The pressure drop of the EGR evaporator is however comparable with it of the original EGR cooler in this work.

Bevor the investigation of the interactions between the subsystems, an analysis of the external energy balance of the integrated system is carried out. A better comprehension of the energy distribution within the integration system can be achieved by illustrating the external energy balance.

The thermodynamic states within the engine are determined by the operating parameters and have a great influence on the combustion. Because of the thermal and mechanical coupling, the WHR system performance depends on the engine operating parameters as well. At the same time, the WHR system has repercussions on the engine thermodynamic states. In order to evaluate these interactions, the engine operating parameters such as the intake temperature, the boost pressure, the EGR rate, the common rail pressure, the main injection timing, the injection timing and mass of the pilot injection, are varied by investigating the integrated system. The three engine-turbocharger-combinations are compared at variation calculus. The investigations are carried out at a determined operating point of the WHSC, which represents the main drive area of the long-haul heavy duty truck. The Results of the simulations show that the operating parameters have significant influences on the external energy balance of the integrated system.

With regard to the target of increasing the efficiency of the integrated system, the effective power of the System is observed:

If the operating parameters are considered in isolation, the effective power of the integrated system increases for all engine-turbocharger combinations by increasing the injection pressure or shifting the start of the pre-injection in the direction of the top dead center. However, shifting the start of the pre-injection in the direction of the top dead center leads only to slight increase of the system power. An increased intake temperature or an increased pre-injection quantity leads to reduced effective System power for all engine-turbocharger combinations. Depending on the types of the turbocharger, different curves of the effective system performance are shown by variating the boost pressure and EGR rate. The system power increases by growing the boost pressure or EGR rate for the engine with waste gate turbochargers. In contrast, for the engine with variable geometry turbocharger, the system power is reduced because of the increased (variation of the boost pressure) or the unchanged gas exchange loss (variation of the EGR rate) by variating the boost pressure and EGR rate. An optimal area for the system power exists by shifting the start of the main injection timing.

With regard to the additional power from the WHR system:

The WHR system powers remain almost constant by increasing the intake temperature or increasing the pre-injection quantity or shifting the start of the pre-injection in the direction of the top dead center. A shifting of the start of the main injection in the direction of the top dead center leads to an increased WHR system power because of the rising exhaust gas enthalpy streams of the EGR and EGT paths. The system power reduces by increasing the boost pressure or the common rail pressure. For the single stage turbocharger with the waste gate there are no significant changes of the WHR system power from the variation simulations.

The simulation results have shown that the changes in energy distribution with variation of the operating parameters for the engine without WHR system and the integration system despite the shifting of the operating point are similar.

A further optimization potential for the integrated system with regard to fuel-saving is available by modifying the application in the engine control unit.

In order to achieve the maximal fuel-saving, the applied control variables in the engine management must be modified. The modification is carried out with the model based optimization for the maps of the control variables. The detailed models of the subsystems are not suitable for the optimization because of the high computing duration. The WHR system is therefore replaced with the multi-dimensional maps. The maps are applied into the previously created fast running model of the engine. A DoE-calculation (design of experiment) is carried out with this model of the integrated system. A statistical model of the engine is built with the results of the DoE. Subsequently, the relevant variables are optimized related to the minimum specific fuel consumption within the legally defined World Harmonized Transient Cycle (WHTC) in compliance with the specified emission limits. The optimized maps of the control variables are applied for the model of the integrated system.

In order to demonstrate the efficiency increasing of the drive system by app-lying the WHR system, the simulations are carried out for the driving cycle. The WHTC cycle is for such simulations not suitable, because it defines the engine speed and torque without consideration of the vehicle speed. The World Harmonized Vehicle Cycle (WHVC) is in this case applied for the driving cycle simulation. The model of the integrated system is so expanded, that the detailed models of the subsystems included the combustion engine, the cooling system and the WHR system are coupled directly.

At first, a simulation with the model of the engine is carried out for the WHVC cycle. The result is set as the basis of the following comparison. Subsequently, the simulations by using the model of the integrated system with/without the optimized maps of the control variables are conducted. The results have shown that a reduction in fuel consumption of about 3.4 % can be achieved by applying the WHR system. The integrated system with the optimized maps of the control variables has obtained a further fuel-saving of 0.4 %. In addition, the models are used to simulate a customer driving cycle. The results of the simulation for the customer driving cycle have shown that a reduction in fuel consumption of about 3.1 % can be achieved by applying the WHR system. The additional advantage of the optimized maps of the control variables is about 1 %. For the stationary cycle WHSC, the potential of the fuel-saving is 4.2 %. The integration of the WHR system with the engine without the optimization of the engine management leads to an increased NO_x emission. The optimized control variables for the integrated system enable a simultaneous reduction of the fuel consumption and NO_x emission.

Kurzfassung

Die neu eingeführten CO_2-Normen für schwere Nutzfahrzeuge stellen Nutzfahrzeughersteller vor eine große Herausforderung. Um die Grenzwerte der CO_2-Emission einzuhalten, müssen alle möglichen Maßnahmen zur Effizienzsteigerung der Nutzfahrzeugantriebe ergriffen werden. Ausgehend von der Tatsache, dass auch bei modernen Verbrennungsmotoren ein Großteil der im Kraftstoff gebundenen Energie in Form von Wärme an die Umgebung abgeführt wird, ist eine Verbesserung des Wirkungsgrads des Antriebssystems durch Wiederverwertung der Abgaswärme von großem Interesse. Dabei stellt die Abgaswärmenutzung mittels des Rankine-Prozesses einen vielversprechenden Ansatz dar.

In der vorliegenden Arbeit werden die Wechselwirkungen zwischen den Subsystemen bei der Integration eines auf Rankine-Prozess basierenden Restwärmenutzungssystems (engl. Waste Heat Recovery, WHR-System) mit einem Nutzfahrzeug-Dieselmotor mit Hilfe von 0D/1D-Simulation untersucht. Des Weiteren wird das Potential der Kraftstoffeinsparung durch Einsatz dieses Restwärmenutzungssystems bei dem Verbrennungsmotor aufgezeigt.

Um eine ausführliche Betrachtung des integrierten Systems durchzuführen, werden die Subsysteme, zu denen der Verbrennungsmotor, das Kühlsystem und das WHR-System gehören, in GT-Suite detailliert modelliert. Die Modellierung des Verbrennungsmotors erfolgt zunächst für einen zweistufig aufgeladenen Motor, der als Vergleichsbasis dient. Die Modelle für zwei weitere Motor-Turbolader-Kombinationen, einstufig aufgeladener Motor mit Bypassregelung und Motor mit VTG-Lader, werden durch Skalierung der Turbolader-Kennfelder und Anpassung der Abgasstrecke des Basismodells abgeleitet. Das Modell für den zweistufig aufgeladenen Motor wird anschließend in ein schnelllaufendes Modell umgebaut, welches bei der späteren Optimierungsaufgabe Anwendung findet. Ein auf Rankine-Prozess basierendes WHR-System wird in Anlehnung an die Informationen aus Literatur ausgelegt und modelliert. Das Kühlsystem dient als die Wärmesenke des WHR-Systems und wurde im vorangehenden Projekt modelliert. Mit dem Kühlsystemmodell wird die Verschaltung des

WHR-Kondensators mit dem Kühlkreilauf untersucht. Eine Methode zur Bestimmung des Potentials der Kondensationswärmeabfuhr wird entwickelt.

Das Motormodell wird mit WHR-Systemmodell unmittelbar gekoppelt. Folglich ergibt sich ein Modell für das integrierte System. Dieses Modell wird zur Untersuchung der Wechselwirkung zwischen dem Motor und dem WHR-System eingesetzt. Die Kühlmitteltemperatur und -massenströme am Eintritt des WHR-Kondendators, die bei der Bestimmung des Potentials der Kondensationswärmeabfuhr mit dem Kühlkreislaufmodell berechnet wurden, werden als Randbedingungen der Kühlung für das WHR-System eingesetzt.

Die Auswirkung des durch Einsatz des WHR-Verdampfers in der Abgasstrecke erhöhten Abgasgegendrucks wird mit einer Sensitivitätsanalyse bei den definierten Betriebspunkten untersucht. Durch Darstellung der äußeren Energiebilanz des Integrationssystems bei Variation der Motorbetriebsparameter werden die Wechselwirkungen der Subsysteme veranschaulicht. Bei den Variationsrechnungen werden die Varianten der Motor-Turbolader-Kombinationen miteinander verglichen. Die Untersuchungen werden bei einem bestimmten Betriebspunkt, der den Hauptfahrbereich des schweren Fernverkehr-Nutzfahrzeugs repräsentiert, durchgeführt und daher gelten als eine qualitative Betrachtung.

Durch Anpassung der Applikation des Motors besteht ein weiteres Optimierungspotential für das Integrationssystem hinsichtlich der Kraftstoffeinsparung. Um die Effizienzsteigerung des Antriebssystems mit dem integrierten WHR-System aufzuzeigen, werden die Fahrzyklussimulationen durchgeführt. Die Ergebnisse haben gezeigt, dass durch Einsatz des WHR-Systems eine Kraftstoffverbrauchreduktion von ca. 4 % erzielt werden kann.

1 Einleitung und Motivation

Das Übereinkommen von Paris gibt ein langfristiges Ziel vor, das mit den Bestre-bungen im Einklang steht, den Anstieg der globalen Durchschnittstemperatur deutlich unter 2 °C über dem vorindustriellen Niveau zu halten und Anstren-gungen zu unternehmen, ihn auf 1,5 °C über dem vorindustriellen Niveau zu begrenzen [65]. Um das Ziel zu erreichen, muss am Beispiel Deutschland der Ausstoß von Treibhausgasen in den nach dem Bundes-Klimaschutzgesetz (KSG) [40] festgelegten Sektoren einschließlich des Verkehrs gesunken werden.

Um zur Verwirklichung der Ziele des Übereinkommens von Paris beizutragen, müssen Nutzfahrzeughersteller ab 2025 erstmals CO_2-Normen für ihren in der Europäischen Union neu zugelassenen Lastkraftwagen und Busse erfüllen. Der durchschnittliche CO_2-Ausstoß neuer Nutzfahrzeuge muss ab dem Jahr 2025 um 15 % niedriger sein als 2019 und ab 2030 um 30 %. Die Ausgangssitua-tion der Bestimmung der CO_2-Emissionsreduktionszielvorgabe für schwere Nutzfahrzeuge in Form gesetzlicher Vorschriften ist:

Die CO_2-Emission von schweren Nutzfahrzeugen machen in EU rund 6 % der CO_2-Gesamtemission und rund 25 % der CO_2-Emission aus dem Straßenver-kehr aus. Allerdings steht derzeit unionsweit keine einheitliche Begrenzung der CO_2-Emission von schweren Nutzfahrzeugen zur Verfügung.

Durch die gesetzliche Vorgabe für die CO_2-Emission sind die Hersteller geprägt, dass alle möglichen Maßnahmen zur Effizienzsteigerung der Nutzfahrzeugan-triebe unter Einhaltung der gesetzlich vorgeschriebenen Emissionsgrenzwerte zu ergreifen. Auch bei heutigen modernen Verbrennungsmotoren werden mehr als die Hälfte der zugeführten im Kraftstoff chemisch gebundenen Energien in Wärme umgesetzt, die ungenutzt über den Auspuff und das Kühlsystem an die Umgebung abgeführt werden. Ausgehend von dieser Tatsache stellt die Wiederverwertung der Abgaswärme (Restwärmenutzung, engl. Waste Heat Recovery, WHR) mit einem zusätzlichen Antriebssystem eine Möglichkeit zur Effizienzsteigerung des Verbrennungsmotors dar. In den jüngsten Jahren werden verschiedene Konzepte der Restwärmenutzung für Automobilanwendungen entwickelt. Zu denen zählt beispielsweise Turbocompound-System, bei dem

K. Yang, *Simulative Untersuchung zur Effizienzsteigerung des Nutzfahrzeugantriebs mittels eines auf Rankine-Prozess basierenden Restwärmenutzungssystems*, Wissenschaftliche Reihe Fahrzeugtechnik Universität Stuttgart, https://doi.org/10.1007/978-3-658-43655-1_1

eine Nutzturbine nach dem Turbolader geschaltet ist und die Abgaswärme in mechanische Energie umwandelt. Als zweites Beispiel ist thermoelektrischer Generator zu nennen, der auf Basis des Seebeck-Effektes funktioniert und die thermische Energie der Abgase ohne Einsatz mechanisch bewegter Teile in elektrische Energie umwandelt. Eine weitere Variante des Restwärmenutzungssystems ist das auf Rankine-Prozess basierende WHR-System, das im Rahmen der vorliegenden Arbeit behandelt wird. Bei einem solchen System wird die Abgaswärme zur Verdampfung eines Arbeitsmediums genutzt. Das verdampfte Arbeitsmedium entspannt in einer Expansionsmaschine und treibt sie an. Die daraus resultierende Leistung kann entweder mittels mechanischer Anbindung der Expansionsmaschine an den Verbrennungsmotor genutzt oder über einen elektrischen Generator dem Bordnetz zugeführt werden. Das auf Rankine-Prozess basierende System stellt aufgrund des vergleichsweise hohen Systemwirkungsgrads [30] den vielversprechendsten Ansatz der Abgaswärmenutzung zur Effizienzsteigerung der Nutzfahrzeugantriebe dar.

Zur Untersuchung des auf Raine-Prozess basierenden WHR-Systems* für Automobilanwendung wurden bereits zahlreiche Forschungsaktivitäten unternommen. Bei einigen Untersuchungen [39], [47], [63], [80] standen Auslegung und Entwicklung einzelner Komponente des WHR-Systems im Fokus. In den Veröffentlichungen [3], [28], [101],[103] wurde der Forschungsschwerpunkt auf die isolierte Betrachtung des WHR-Systemverhaltens gelegt. Die Forschungsprojekte [15], [18], [21], [38], [60], [71] hatten sich mit der Integration des WHR-Systems in ein Fahrzeug sowie der Optimierung der Betriebsführung des WHR-Systems beschäftigt. Zusammengefasst zeigt sich, bei den bisherigen Untersuchungen die Wechselwirkungen von Verbrennungsmotor und WHR-System kaum berücksichtigt wurden. Eine ausführliche Betrachtung des Gesamtsystems von Verbrennungsmotor, Kühlsystem, WHR-System und auch Fahrzeug wurde bei den bisherigen Untersuchungen aufgrund der hohen Systemkomplexität nicht durchgeführt. Die vorliegende Arbeit soll zum Schließen dieser Lücke beitragen.

Die Untersuchungen in dieser Arbeit erfolgen komplett mit Hilfe von numerischer Simulation. Dies hat den Vorteil, dass einerseits die Untersuchungen

---

*Sofern nicht anders erwähnt, bezeichnet im Folgenden „WHR " lediglich die Restwärmenutzung auf Basis des Rankine-Prozesses.

ohne Vorhandensein von realen Aggregaten durchgeführt werden können, anderseits ein Simulationsmodell viel mehr Details des Gesamtsystems erfassen kann und ein tieferes Verständnis des Systemverhaltens ermöglicht.

Bei der Integration eines auf Rankine-Prozess basierenden Restwärmenutzungssystems in ein Nutzfahrzeug bestehen es enge Wechselwirkungen zwischen den Subsystemen. Das primäre Ziel der vorliegenden Arbeit ist es, dass diese Wechselwirkungen mit Hilfe von Simulation zu untersuchen und qualitativ zu bewerten. Bei den Untersuchungen sollen verschiedene Aufladungssysteme berücksichtigt werden. Ein weiteres Ziel besteht darin, dass das erreichbare Kraftstoffeinsparpotential mit dem optimierten Integrationssystem aufzuzeigen.

Diese Arbeit gliedert sich wie folgt:

Zunächst werden in Kapitel 2 die für die späteren Modellierung und Simulation benötigten theoretischen Grundlagen diskutiert. In Kapitel 3 werden die Modellierungen aller relevanten Subsystemen vorgestellt, zu denen der Verbrennungsmotor, das Kühlsystem und das WHR-System gehören. Es handelt sich dabei um virtuelle Modelle, die auf Basis von eingeschränkten Messdaten oder ohne Messdaten erstellt werden. Die Validierung bzw. Plausibilisierung der Modelle werden gezeigt und diskutiert. Die Untersuchungen für die Wechselwirkungen zwischen den Subsystemen finden in Kapitel 4 statt. Am Beispiel eines Betriebspunktes, der den Hauptfahrbereich des Fernverkehr-Nutzfahrzeugs repräsentiert, werden sowohl die einzelnen Auswirkungen des WHR-Systems auf den Verbrennungsmotor als auch die Wechselwirkungen zwischen WHR-System und Motor bei Variation der Motorbetriebsparameter gezeigt. Schließlich wird in Kapitel 5 eine modellbasierte Optimierung für die Führungsgrößen-Kennfelder in der Motorsteuerung durchgeführt. Mit Hilfe von den Fahrzyklussimulationen werden die Kraftstoffeinsparpotentiale und die Emissionswerte für das Integrationssystem aufgezeigt.

2 Theoretische Grundlagen

In der vorliegenden Arbeit werden die Untersuchungen mit Hilfe von numerischer Simulation durchgeführt. Die Qualitäten der Modelle aller relevanten Systeme sind für die Untersuchungen von großer Bedeutung. Die Modellierungen der betrachteten Systeme setzen grundsätzliche Verständnisse der dabei ablaufenden physikalischen und chemischen Vorgänge voraus. Daher werden in diesem Kapitel die theoretischen Grundlagen, die für die späteren Modellbildungen und Simulationsaufgaben benötigt werden, erläutert.

Der Verbrennungsmotor wird als Wärmequelle für die Restwärmenutzung verwendet. Am Anfang dieses Kapitels wird demnach einen Überblick über die motorischen Grundlagen gegeben. Dabei wird vor allem die Thermodynamik dargelegt. Anschließend wird dieselmotorische Verbrennung beschrieben. Bei der Restwärmenutzung müssen die Schadstoffe des Verbrennungsmotors auch stetig berücksichtigt werden. Die Mechanismen der Schadstoffbildung werden deshalb im Anschluss diskutiert. Des weiteren werden Abgasrückführung und Aufladung erläutert. Am Ende des Abschnitts werden die Abgasnormen und die Fahrzyklen für schwere Nutzfahrzeuge vorgestellt.

Das Restwärmenutzungssystem in der vorliegenden Arbeit basiert auf den Rankine-Prozess, der als nächstes ausführlich dargestellt ist. Die Wahl des Arbeitsmediums spielt eine entschiedene Rolle für die Effektivität des Systems. Obwohl das Arbeitsmedium durch Voruntersuchung in einem vorherigen Projekt bereits festgelegt wurde, wird die Wahl des Arbeitsmediums in Anlehnung an die Informationen aus Literatur diskutiert. Der Abschnitt schließt mit einer kurzen Vorstellung des Wirkungsgrads des Restewärmenutzungssystems. Das Motorkühlsystem wird als Wärmesenke für das Restwärmenutzungssystem verwendet. Eine kurze Vorstellung des Thermomanagements von schweren Nutzfahrzeugen findet in dem anschließenden Abschnitt statt. Zudem werden die Simulationsmethoden in einem eigenen Abschnitt diskutiert. Da eine modellbasierte Optimierung für das Integrationssystem, also der Verbrennungsmotor mit dem integrierten WHR-System, im späteren Kapitel durchzuführen ist, werden die theoretischen Grundlagen dafür am Ende des Kapitels vorgestellt.

K. Yang, *Simulative Untersuchung zur Effizienzsteigerung des Nutzfahrzeugantriebs mittels eines auf Rankine-Prozess basierenden Restwärmenutzungssystems*, Wissenschaftliche Reihe Fahrzeugtechnik Universität Stuttgart, https://doi.org/10.1007/978-3-658-43655-1_2

2.1 Motorische Grundlagen

2.1.1 Thermodynamik

System

Ein thermodynamisches System ist ein willkürlich ausgewählter Bilanzraum, bei dem die Umwandlung verschiedener Energieformen ineinander unter Berücksichtigung von Wärme und mechanischer Arbeit untersucht wird. Es wird durch eine gedachte Hülle (Systemgrenze) von der Umgebung abgegrenzt. Je nachdem, ob Stoffmassenströme und Energie über die Systemgrenzen erfolgen oder nicht, können sich unterschiedliche Arten der Systeme ergeben:

- *Offenes System*: Es findet ein Austausch der Stoffmassenströme und Energie zwischen System und Umgebung statt.

- *Geschlossenes System*: Es findet nur ein Austausch der Energie zwischen System und Umgebung statt.

- *Abgeschlossenes System*: Es findet kein Austausch der Stoffmassenströme und Energie zwischen System und Umgebung statt.

Ein Beispiel für ein offenes System ist der Brennraum des Verbrennungsmotors unter Berücksichtigung von dem Ladungswechsel sowie Leckage am Kolbenring. In der Hochdruckphase stellt der Brennraum hingegen ein geschlossenes System dar. Ein weiteres Beispiel für das geschlossene System ist das in dieser Arbeit untersuchte Restwärmenutzungssystem als Ganzes, bei der die Wärme des Abgases in mechanische Energie umwandelt. In der Praxis kommt ein absolut abgeschlossenes System nicht vor. Allerdings bildet es den Ausgangspunkt des im Folgenden vorgestellten ersten Hauptsatzes der Thermodynamik.

Erster Hauptsatz der Thermodynamik

Die Energiebilanz in thermodynamischen Systemen wird als der erste Hauptsatz der Thermodynamik bezeichnet. In einem abgeschlossenen System bleibt der Gesamtbetrag der Energie konstant. Es können lediglich die verschiedenen Energiearten ineinander umgewandelt werden. Mit diesem Prinzip lassen sich die Energiebilanzen für das geschlossene und das offene System ableiten.

Bei einem geschlossenen System bewirken Wärme Q_{12} und Arbeit W_{12}, die als Formen der Energieübertragung dem System zugeführt werden, die Erhöhung der inneren Energie U des Systems. Mathematisch wird es für geschlossene ruhende Systeme mit Gl. 2.1 formuliert.

$$U_2 = U_1 + Q_{12} + W_{12} \qquad \text{Gl. 2.1}$$

mit   1:   Anfangszustand
       2:     Endzustand

und für geschlossene bewegte Systeme:

$$Q_{12} + W_{12} = E_2 - E_1 \qquad \text{Gl. 2.2}$$

Der Energieinhalt des Stoffstroms E setzt sich aus innerer, kinetischer und potentieller Energie zusammen:

$$E = U + \underbrace{\frac{m}{2}c^2 + mgz}_{\text{äußere Energie}} \qquad \text{Gl. 2.3}$$

Wird der erste Hauptsatz der Thermodynamik auf ein offenes System erweitert, lässt sich schreiben in der Form:

$$\Delta Q + \Delta W = E(t + \Delta t) - E(t) + \Delta E_a - \Delta E_e \qquad \text{Gl. 2.4}$$

Die Gl. 2.4 besagt, dass die Summe der im Zeitintervall Δt über die Systemgrenze transferierten Wärme und Arbeit die Änderung des Energieinhalts des Systems unter Einbeziehung von Stofftransport über die Systemgrenze bewirken.

Innere Energiebilanz des Verbrennungsmotors

Bei der Untersuchung eines Verbrennungsmotors wird der erster Hauptsatz der Thermodynamik verwendet. Je nachdem, wie die Systemgrenze gelegt wird, kann Energiebilanz eines Verbrennungsmotors in innere und äußere Energiebilanz eingeteilt werden. Ist der Brennraum der Gegenstand der Untersuchung, wird es als innere Energiebilanz des Verbrennungsmotors bezeichnet. Bei der Untersuchung der innermotorischen Verbrennungsvorgänge ist diese Bilanzierung hilfreich, weil die Energie- und Massenströme beruhend auf eine separate

Betrachtung des Brennraums eindeutig definiert werden. In Abschnitt 3.1.3, Kapitel 3 wird die innere Energiebilanz des Verbrennungsmotors näher diskutiert.

Äußere Energiebilanz des Verbrennungsmotors

Die äußere Energiebilanz umfasst alle dem Motor zugeführten und verlassenden Energieströme. Als die zugeführten Energieströme gelten die im Kraftstoff chemisch gebundene Energiemenge sowie die Enthalpie der Frischluft. Die effektiv an den Antriebsstrang abgegebene Leistung P_e ist als der wichtigste abgeführte Energiestrom zu nennen. Die Wandwärme $\dot{Q}_{KM}$, die über Zylinderwand in das Kühlmittel gelangt, stellt den zweiten Hauptteil der Energieströme dar, die das System verlassen. Teil der Wandwärme resultiert auch aus den zur Überwindung der mechanischen Reibung und zum Antrieb der relevanten Hilfsaggregate des Motors erforderlichen Leistungen. Der Abgasenthalpiestrom zählt zu dem letzten Hauptbestandteil des abgeführten Energiestroms. Der übrige Teil sind die über die Oberfläche abgegebenen Wärmeverluste, die in der Literatur nicht viel diskutiert, aber bei dem realen Motor nicht vernachlässigt werden dürfen. In Abbildung 2.1 ist diese äußere Energiebilanz des Verbrennungsmotors schematisch dargestellt.

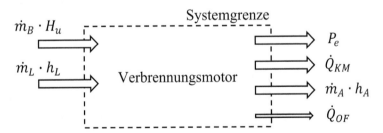

Abbildung 2.1: Schematische Darstellung der äußeren Energiebilanz des Verbrennungsmotors

Bei der äußeren Energiebilanz werden unterschiedliche Wärme- und Enthalpieströme in Abhängigkeit von Motorkonzept und -peripherie berücksichtigt. Zum Beispiel wird eine Beobachtung auf die Abgasenthalpieströme durchgeführt. Ein Großteil der Abgasenthalpieströme wird mit dem Abgas über den Auspuff ausgestoßen. Teil des Abgases wird zur Reduzierung der Stickstoffoxide-

Emission (Abgasrückführung, vgl. Abschnitt 2.1.4), in die Zylinder zurück-
geleitet. Beim Einsatz eines AGR-Kühlers werden die Abgaswärme in das
Kühlmedium (wassergekühlt) oder in die Umgebung (luftgekühlt) abgeführt.
Ein Abgasturbolader nutzt einen Teil der Abgasenthalpie zur Aufladung des
Motors aus. Beim Einsatz von Ladeluftkühler werden die Wärme noch in das
Kühlmedium (wassergekühlt) oder in die Umgebung (luftgekühlt) abgegeben.
In Abschnitt 4.1, Kapitel 4 wird die äußere Energiebilanz für den Verbrennungs-
motor mit dem integrierten WHR-System näher diskutiert.

Frischluft- und Abgasenthalpie

Die Abbildung 2.1 hat gezeigt, dass bei der Untersuchung der äußeren Energiebilanz die Bestimmung des Frischluft- und Abgasenthalpiestroms notwendig
ist. Bei der Berechnung von Enthalpiewert des Stoffs wird das komponentenba-
sierte Kalorik-Modell von Grill [27] herangezogen. Die spezifische Enthalpie
einzelner Komponente wird wie folgt geschrieben:

$$h^0(T) = \int c_p(T)dT = R_\mu \cdot [-a_1 \cdot \frac{1}{T} + a_2 \cdot lnT + a_3 \cdot T + \frac{a_4}{2} \cdot T^2 +$$
$$\frac{a_5}{3} \cdot T^3 + \frac{a_6}{4} \cdot T^4 + \frac{a_7}{5} \cdot T^5] + c$$

Gl. 2.5

In der Chemie werden die Standardbildungsenthalpien von reinen Elementen in
ihrem stabilsten Zustand üblicherweise bei 298,15 K auf Null gesetzt. Zur Bestimmung der auf den Standardzustand bezogenen Enthalpie eines Stoffs muss
von den berechneten Enthalpiewerten die jeweilige Standardbildungsenthalpie
von 25 °C (=298,15 K) abgezogen werden:

$$h(T) = h^0(T) - h^0(298,15K)$$

Gl. 2.6

Bei der bekannten Zusammensetzung des Stoffs kann die Gesamtenthalpie mit
einer Mischungsgleichung berechnet werden. Die Enthalpieströme der Luft
oder Abgase werden nach Gl. 2.7 berechnet:

$$\dot{H}(T) = \dot{m}_{L/Abg} h_{L/Abg}(T)$$

Gl. 2.7

2.1.2 Dieselmotorische Verbrennung

Dieselmotorischer Verbrennungsprozess erfolgt durch Selbstzündung. Der
Kraftstoff wird, in der Regel gegen Ende des Kompressionstaktes, unter hohem

Druck in die verdichtete Luft eingespritzt, wodurch eine Durchmischung mit der umgebenden Luft stattfindet. Durch die Kompression wird die Zylinderladung so erhitzt, dass ihre Verdichtungsendtemperatur die Selbstzündungstemperatur des Dieselkraftstoffs übersteigt und es zur Zündung kommt. Dabei lässt sich der dieselmotorische Verbrennungsverlauf in folgende drei Phasen einteilen:

i.   Vorgemischte Verbrennung und Zündverzug

ii.   Hauptverbrennung - Diffusionsverbrennung (mischungskontrolliert)

iii.   Nachverbrennung - Diffusionsverbrennung (reaktionskinetisch kontrolliert)

In der vorgemischten Verbrennung zündet das während Zündverzugszeit, die die Zeitspanne zwischen Einspritzbeginn und Zündung ist, aufbereitete Kraftstoff-Luft-Gemisch. Die Wärmefreisetzungsrate ist in dieser Phase durch die Geschwindigkeit der chemischen Reaktionen sowie durch die Menge des aufbereiteten Gemisches kontrolliert. Die Vormischverbrennung zeichnet sich durch hohe Reaktionsgeschwindigkeiten und Verbrennungstemperaturen aus.

Die entscheidende Phase ist die Hauptverbrennung (mischungskontrollierte Diffusionsverbrennung), da hierbei ein Großteil des Kraftstoffs umgesetzt, die größte Wärmemenge freigesetzt, aber auch der größte Anteil schädlicher Emissionskomponenten produziert wird. Verursacht durch die vorgemischte Verbrennung und dem damit einhergehenden Temperaturanstieg, ist die chemische Reationsgeschwindigkeit stark angestiegen. Gleichzeitig findet eine intensive Durchmischung von Kraftstoff und Luft statt. Diese Durchmischung ist langsam im Vergleich mit den chemischen Vorgängen, wodurch diese Phase als „mischungskontrolliert" bezeichnet wird. Bei der Diffusionsverbrennung reicht die Reaktionszone bis in die fetten Bereiche des Strahls, in denen Ruß gebildet wird.

Erreichen die Temperaturen während der diffusiven Verbrennung ihren Maximalwert, beginnt die Phase der Nachverbrennung, in der noch unverbrannte Kraftstoffkomponenten sowie die Produkte aus der Hauptverbrennung weiter oxidiert werden. In dieser Verbrennungsphase sinken die Brennraumtemperatur und der Brennraumdruck kontinuierlich ab. Dies führt dazu, dass die chemischen Reaktionen wieder langsamer ablaufen als die Diffusionsvorgänge, wodurch der Verbrennungsverlauf zunehmend „reaktionskinetisch kontrolliert" wird. In dieser Phase werden bis zu 90 % der zuvor entstandenen Rußpartikel wieder abgebaut.

2.1.3 Schadstoffbildung

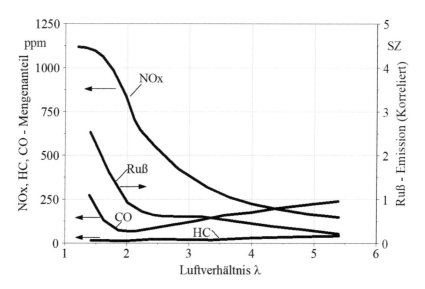

Abbildung 2.2: Schadstoffemissionen in Abhängigkeit vom Luftverhältnis λ für eine magere dieselmotorische Verbrennung [68]

Bei der idealen, vollständigen motorischen Verbrennung von Kohlenwasserstoffen sind die Produkte außer der gewünschten Wärmeenergie nur Wasser (H_2O) und Kohlendioxid (CO_2). In der Realität verläuft Verbrennungsmotor nicht ideal. Aufgrund der Inhomogenitäten entstehen Schadstoffe während der dieselmotorischen Verbrennung. Die Bildung der Schadstoffkomponenten Kohlenmonoxid CO, Kohlenwasserstoffe HC, Stickstoffoxide NO_x und Partikel PM sind vorwiegend vom lokalen Luftverhältnis und der vorherrschenden Temperatur abhängig. Während Stickstoffoxide bei hohen Verbrennungstemperaturen und Luftverhältnis von ca. 1,0 bis 1,1 entstehen, sind Kohlenmonoxid, unverbrannte Kohlenwasserstoffe und Partikel aufgrund der unvollständigen Verbrennung Verbrennungsprodukte bei fettem Gemisch. In Abbildung 2.2

sind Schadstoffkonzentrationen im Abgas eines Dieselmotors bei Variation des Luftverhältnisses λ dargestellt.

Stickstoffoxide

Unter dem Begriff Stickstoffoxide werden alle Verbindungen aus Stickstoff (N) und Sauerstoff (O) zusammengefasst. In Zusammenhang mit Verbrennungsmotoren werden der größte Anteil Stickstoffmonoxid NO und Stickstoffdioxide NO_2 als NO_x bezeichnet. Die NO_x unterscheiden sich je nach den Bildungsmechanismen in:

- thermisches NO nach dem Zeldovich-Mechanismus

- promptes NO nach dem Fenimore-Mechanismus

- Lachgas-NO nach dem N_2O-Mechanismus

Bei der dieselmotorischen Verbrennung beträgt der Anteil von dem thermischen NO an den gesamten Stickoxidemissionen von 90 % bis 95 %. Die Elementarreaktionen werden durch Zeldovich-Mechanismus [50], [108] beschrieben:

$$N_2 + O \rightleftharpoons NO + N \qquad \text{Gl. 2.8}$$

$$O_2 + N \rightleftharpoons NO + O \qquad \text{Gl. 2.9}$$

$$OH + N \rightleftharpoons NO + H \qquad \text{Gl. 2.10}$$

Der molekulare Sauerstoff O_2 in der Luft wird in elementaren Sauerstoff O ab einer Temperatur von 2200 K dissoziiert. Der elementare Sauerstoff nimmt anschließend an der Reaktion Gl. 2.8 teil. Der Zerfall der dreifachbindung von N_2 in Gl. 2.8 erfordert hohe lokale Temperaturen und somit eine hohe Aktivierungsenergie. Der in Gl. 2.8 gebildete elementare Stickstoff N reagiert mit dem molekularen Sauerstoff zu NO und elementaren Sauerstoff O. In diesem Fall steht der gebildete O wiederum für die Reaktion Gl. 2.8 zur Verfügung und ergibt sich ein Kreislauf. Die Reaktion Gl. 2.10 findet vorwiegend in brennstoffreichen Bereichen, z.B. hinter der Flammenfront statt.

Die Bildung des prompten NO ist mit Fenimore-Mechanismus [17] dargestellt. Bei Vorhandensein vom CH-Radikal findet die Reaktion nach Gl. 2.11 statt. Bei der Quelle des CH-Radikals handelt es sich um Acetylen C_2H_2, welches ausschließlich unter brennstoffreichen Bedingungen in der Flammenfront gebildet

wird. Die Bildung von dem prompten NO geschieht aufgrund der vergleichsweise geringen Aktivierungsenergie bereits ab Temperaturen von 1000 K.

$$N_2 + CH \rightleftharpoons HCN + N \qquad \text{Gl. 2.11}$$

Das Reaktionsprodukt von Gl. 2.11, die Blausäure (HCN), reagiert im weiteren
Verlauf von Gl. 2.12 bis Gl. 2.14 zu NO

$$HCN + H \rightleftharpoons H_2 + CN \qquad \text{Gl. 2.12}$$

$$CN + CO_2 \rightleftharpoons NCO + CO \qquad \text{Gl. 2.13}$$

$$NCO + O \rightleftharpoons CO + NO \qquad \text{Gl. 2.14}$$

Unter mageren Bedingungen und im Fall von fehlendem CH-Radikal für die
Bildung des prompten NO sowie geringen Temperaturen für die Bildung des
thermischen NO wird Lachgas N_2O nach Gl. 2.15 gebildet:

$$N_2 + O + M \rightleftharpoons N_2O + M \qquad \text{Gl. 2.15}$$

Der Stoßpartner M setzt die Aktivierungsenergie deutlich herab. Die Reaktion
Gl. 2.15 findet überwiegend bei hohen Drücken statt und besitzt kaum einen
Temperatureinfluss [95].

Ruß

Als Ruß werden die Feststoffe und angelagerten flüchtigen und nichtflütigen
Bestandteile im Abgas bezeichnet und es zu den größten massebezogenen
Anteil an den Partikeln gehört [56]. Bei der Rußentstehung unterscheiden sich
zwei Hypothesen:

• Elementarkohlenstoff-Hypothese

• Polyzyklen-Hypothese

Bei der Elementarkohlenstoff-Hypothese wird der Kraftstoff bei den hohen
Verbrennungstemperatur zu kleinen Kohlenwasserstoffen und Wasserstoffen
reduziert. Im Vergleich mit den Kohlenstoffatomen diffundieren die Wasserstoff-
molekühle viel schneller zu dem Sauerstoffreichen Bereich des Brennraums.
Die Kohlenstoffatome bilden unter Sauerstoffentzug sehr schnell Cluster, der
vorwiegend mit den hexagonalen und pentagonalen Strukturen vorliegt. Es

formen sich gekrümmte Schalen, die in äußerst kurzer Zeit zu typischen Parti-
kelgrößen anwachsen.

Bei der Polyzyklen-Hypothese spielt das bereits erwähnte Acetylen C_2H_2 eine
wichtige Rolle. Durch die Reaktion von Acetylen mit CH- oder CH_2 werden
C_3H_3-Moleküle gebildet, die anschließend durch Rekombination und Umgele-
gung mit anderen C_3H_3-Molekülen zu polyzyklischen Strukturen heranwach-
sen.

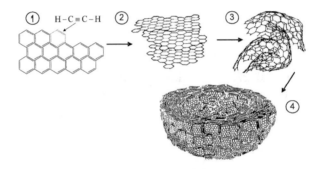

Abbildung 2.3: Entstehung von Rußpartikeln nach Siegmann. 1: Polyzyklen
(PAK) Wachstum; 2: planares Wachstum der PAK; 3: Ruß-
keimbildung durch Formung von 3D-Clustern; 4: Wachstum
der Rußkeime durch Kondensation [56]

Der Entstehungsvorgang von Rußpartikeln werden in Abbildung 2.3 veranschaulicht. Nach beiden Hypothesen bilden sich vor allem Primärpartikel mit einem
kleinen Druchmesser. Aus diesen Primärpartikeln entstehen im Folgenden die
eigentlichen Rußpartikeln durch Agglomeration, wobei die einzelnen Partikeln
aneinander haften bleiben. Falls ausreichender Sauerstoff zur Verfügung steht,
wird der Großteil des während der Verbrennung entstandenen Rußes noch im
Brennraum verbrannt. Diese Nachverbrennung findet oberhalb 1000 K statt.
Während der Expansionsphase senkt die Temperatur bei Dieselmotoren schell
unter einen kritischen Wert. Es führt zu einem Abbruch der Nachoxidation. Die
verbleibenden Rußpartikeln werden ausgestoßen. Eine weitere Reduzierung des
Rußes erfolgt nur mit Partikelfilter als Abgasnachbehandlung.

Kohlenmonoxid und Kohlenwasserstoff

Aufgrund der Inhomogenität existiert lokal sauerstoffarme Brennraumzone, in der Kohlenmonoxid (CO) aufgrund der unvollständigen Verbrennung gebildet wird. Mit zunehmendem Verbrennungsluftverhältnis nimmt die CO-Emission ab. Ist das Luftverhältnis größer als 1, bildet aufgrund eines Luftüberschusses nur geringe CO-Emission aus einer Dissoziation von Kohlenstoffdioxid. Die Voraussetzung für CO-Bildung in diesem Bereich ist eine hohe Temperatur durch Verbrennung. Mit steigendem Verbrennungsverhältnis sinkt die Temperatur und findet eine unvollständige Verbrennung statt, welche zunehmende CO-Emission zur Folge hat. Die CO-Emission ist im Allgemeinen sehr gering in Nutzfahrzeug-Dieselmotor.

Unverbrannte Kohlenwasserstoffe (HC) entstehen aufgrund der unvollständigen Verbrennung als Folge lokaler Flammenlöschung. Weitere Quellen von HC-Emissionen können lokal unterstöchiometrische Gemischzone sein, z.B. beim Aufprall von Kraftstoffstrahlen auf die Brennraumwand. Außerdem bleibt Kraftstoff nach Einspritzende in den Düsenlöchern und im Sackloch der Einspritzdüse. Dieser Kraftstoff verdampft während der Expansionsphase bei Temperaturen weit unterhalb der für eine Oxidation erforderlichen Grenze und wird unverbrannt in den Abgastrakt geschoben. Im Vergleich zu Ottomotor ist die HC-Emission der dieselmotorischen Verbrennung wesentlich gering. CO- und HC-Emissionen werden daher in dieser Arbeit nicht weiter betrachtet.

2.1.4 Abgasrückführung

Die immer weiter verschärften Abgasemissionsgrenzwerten für die schweren Nutzfahrzeugmotoren, vgl. Abschnitt 2.1.6, erfordern die wirksamen Maßnahmen zur Reduzierung der Emissionen. Das Zurückführen von Abgas in den Ansaugtrakt wird als innermotorische Maßnahme zur Reduktion der NO_x-Emissionen bei schweren Nutzfahrzeug-Dieselmotoren standardmäßig eingesetzt. Je nach der Stelle der Abgasentnahme wird zwischen Hochdruck- und Niederdruck-Abgasrückführung unterschieden. Bei der Hochdruck-Abgasrückführung wird Teil der Abgase vor der Turbine entnommen und hinter dem Ladeluftkühler wieder zugeführt. Bei der Niederdrcuk-Abgasrückführung wird das Abgas nach der Turbine entnommen und vor dem Verdichter wieder zugeführt.

Neben der externen Abgasrückführung kann eine interne Abgasrückführung durch Ventilüberschneidung erzielt werden.

Bei der Abgasrückführung wird Teil der Frischluft im Brennraum durch Abgas substituiert. Damit steht eine geringere Anzahl an elementarem Sauerstoff, der zur Einleitung der Zeldovich-Kettenreaktionen erforderlich ist, zur Verfügung. Außerdem wird die Prozesstemperatur bei der Abgasrückführung aufgrund der höheren Wärmekapazität der inerten Verbrennungsprodukte von Wasserdampf und Kohlenstoffdioxid gegenüber der reinen Frischluft verringert. Während der Verbrennung wird das Abgas aufgeheizt, was zu einer Reduzierung der lokalen Temperaturen im Brennraum führt. Die Reaktionsraten der temperaturabhängigen Reaktionen des thermischen NO werden dadurch reduziert. Die Stickstoffoxide-Emissionen werden mit diesen beiden Effekten, also geringerer Sauerstoffgehalt und reduzierte Reaktionsraten der thermischen NO-Bildung, vermindert.

Im Gegensatz dazu hat die Abgasrückführung eine negative Auswirkung auf die Rußemissionen. Die anteilige Substitution der Frischluft durch Abgas ruft einen lokalen Sauerstoffmangel hervor, der die Rußbildung begünstigt. Aufgrund der reduzierten Verbrennungstemperatur wird der Rußabbrand verhindert.

Eine weitere Auswirkung von AGR ist die Abnahme des indizierten Wirkungsgrads der Hochdruckschleife. Mit zunehmender AGR-Rate werden aufgrund der geringeren Prozesstemperatur die Reaktionsgeschwindigkeiten reduziert. Dies hat verlängerte Zündverzugszeit und Brenndauer, damit eine reduzierte Wärmefreisetzung, zur Folge.

2.1.5 Aufladung

Die Aufladung stellt primär ein Verfahren zur Erhöhung der Motorleistung dar. Der Zusammenhang zwischen Motorleistung und Aufladung wird mit Gl. 2.16 verdeutlicht.

Die effektive Motorleistung P_e steigt mit Vergrößerung der im Zähler von Gl. 2.16 stehenden Größen und/oder Verkleinerung der im Nenner stehenden-den Größen an. Bei einem bestimmten Kraftstoff bleibt das Verhältnis von

H_u/L_{min} konstant. Das Gesamthubvolumen und Arbeitsverfahren liegen bei einem gegebenen Motor auch fest.

$$P_e = \frac{H_u}{L_{min}} \cdot \frac{V_h \cdot z}{a} \cdot \frac{\lambda_l \cdot n_{Mot} \cdot \eta_e \cdot \rho_L}{\lambda_V}$$ Gl. 2.16

P_e Effektive Leistung des Motors
H_u Heiztwert des Kraftstoffs
L_{min} Mindestluftbedarf
V_h Hubvolumen des Zylinders
z Zylinderanzahl
a a=1 für 2-Takt, a=2 für 4-Takt
λ_l Liefergrad des Motors
n_{Mot} Motordrehzahl
η_e Effektiver Wirkungsgrad des Motors
ρ_L Luftdichte
λ_V Verbrennungsluftverhältnis

Die Reduzierung des Verbrennungsluftverhältnitsses wird für den Betrieb der Dieselmotoren von der Rußgrenze und der thermischen Beslastung der Motoren begrenzt. Der gewünschte Liefergrad eines bestehenden Motors wird durch Optimierung der Einlasskanal- und der Einlassventilgeometrie erreicht und kann zu einer signifikanten Steigerung der Motorleistung nicht erheblich beitragen. Eine Erhöhung der Motordrehzahl bei einem gegebenen Motor ist aufgrund der dafür erforderlichen Verringerung der oszillierenden Triebwerksmassen nicht zielführend. Der effektive Wirkungsgrad des Motors lässt sich durch den erhöhten inneren Wirkungsgrad mit einem verbesserten Brennverfahren und/oder durch einen erhöhten mechanischen Wirkungsgrad steigern. Eine nennenswerte Zunahme der Motorleistung lässt sich im Vergleich zu den anderen Einflussgrößen über den Anstieg der Luftdichte vor Motoreinlass erreichen.

Bei den modernen Nutzfahrzeug-Dieselmotoren hat sich ausschließlich die Abgasturboaufladung durchgesetzt. Dabei strömen die Abgasmassenströme nach den Zylindern durch eine Turbine, die über die Turboladerwelle einen Verdichter antreibt. Der Verdichter komprimiert die Frischluft zu einem gewünschten Druckniveau und sorgt somit für eine höhere Luftdichte vor Motoreinlass. Obwohl die Ausschiebearbeit während des Ladungswechsels bei dem Einsatz eines Turboladers im Abgastrakt erhöht, wird ein Teil der im Abgas enthaltenen Energie zurückgewonnen und steigt damit der Wirkungsgrad des Motors an.

In dieser Arbeit werden drei Typen von Aufladungssystemen betrachtet: einstufige Abgasturboaufladung mit Bypassregelung an der Turbine (Waste-Gate-Regelung), zweistufige Abgasturboaufladung mit Bypassregelung an der Turbine (Waste-Gate-Regelung) und einstufige Abgasturboaufladung mit variabler Turbinengeometrie (VTG). Aufgrund der Charakteristik der Strömungsmaschinen stellt sich an einem für die Volllast ausgelegten Turbolader ohne äußeren Regeleingriff eine etwa quadratische Abhängigkeit des Ladedruckes von der Motordrehzahl ein. Es ist für einen ungeregelten Abgasturbolader nicht möglich, dass den gewünschten Ladedruck des Motors bei geringerer Motordrehzahl als im Auslegungspunkt, z.b. Nennleistungspunkt, zu erhalten. Um den Ladedruck und damit das Drehmomentangebot in diesem Drehzahlbereich zu steigern, muss der Auslegungspunkt bei einer niedrigen Motordrehzahl vorliegen. Das bedeutet, dass eine kleine Turbinengröße verlangt wird. Mit steigender Motordrehzahl baut der Abgasturbolader mit der kleinen Turbine sehr hohe Ladedrücke auf und stellt sehr hohe Turboladerdrehzahlen ein. Die Grenze der mechanischen Festigkeit des Abgasturboladers und auch des Verbrennungsmotors wird dadurch überschritten. Eine Ladedruckregelung ist daher erforderlich, um den Ladedruck bei allen Drehzahlen gerecht zu werden.

Einstufige Abgasturboaufladung mit Bypassregelung

Eine vergleichsweise einfache Ausführung der geregelten Abgasturboaufladung ist der in Abbildung 2.4 links dargestellte einstufige Abgasturbolader mit Bypassregelung. Dabei wird ein Teil des Abgases je nach dem Betriebszustand des Motors über einen Abgasbypass an der Turbine vorbei geleitet.

$$\rho_{LL} = \frac{P_{LL}}{R \cdot T_{LL}} \qquad \text{Gl. 2.17}$$

ρ_{LL}	Dichte der Ladeluft
P_{LL}	Druck der Ladeluft
R	Spezifische Gaskonstante
T_{LL}	Temperatur der Ladeluft

Bei den niedrigen Motordrehzahlen bleibt das Bypassventil geschlossen. Im Regelbereich beginnt das Bypassventil beim Erreichen des geförderten Ladedrucks zu öffnen und hält den Druck konstant. Da die Ladedruckanhebung von einer Zunahme der Ladelufttemperatur begleitet ist, steigt die Luftdichte weniger stark als Ladedruck an, vgl. Gl. 2.17. Um die Luftdichte zu erhöhen, wird oft ein Ladeluftkühler zur Reduzierung der Ladelufttemperatur eingesetzt. Diese Maßnahme hat aufgrund der geringeren Prozesstemperatur den weiteren Vorteil hinsichtlich der thermischen Belastung der Bauteile und NO_x-Emission.

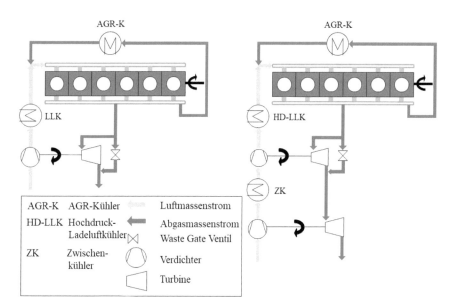

Abbildung 2.4: Geregelte 1-stufige Turboaufladung mit Waste-Gate (links); Geregelte 2-stufige Turboaufladung mit Waste-Gate (Rechts)

Zweistufige Abgasturboaufladung mit Bypassregelung (Waste-Gate)

Bei der zweistufigen Turboaufladung sind ein kleiner (Hochdruck) und großer Turbolader (Niederdruck) in Reihe geschaltet. Die Regelung der Ladedrücke erfolgt mit einem Bypassventil der Hochdruckturbine. Bei den niedrigen Motordrehzahlen ist das Bypassventil geschlossen. Das Aufladungssystem nimmt den gesamten Abgasmassenstrom auf. Mit steigender Motordrehzahl wird ein Teil des Abgases über das Bypassventil an der Hochdrucktrubine vorbei geleitet. Der Niederdruck-Turbolader nimmt an den Druckaufbau vermehrt teil. Im Vergleich zu dem einstufigen Abgasturboaufladung mit Bypassregelung hat die zweistufige Aufladung den Vorteil von einem guten Beschleunigungsverhalten, da die Hochdruckturbine aufgrund ihrer kleinen Massenträgheit schnell hochlaufen kann. Mit der zweistufigen Aufladung wird es ermöglicht, dass der Motor stets in dem wirkungsgradgünstigen Bereich zu betreiben [67].

Einstufige Abgasturboaufladung mit variabler Turbinengeometrie (VTG)

Im Gegensatz zu dem Abgasturbolader mit Waste-Gate strömt der gesamte Abgasmassenstrom durch die Turbine der VTG. Der Ladedruck lässt sich mit den am Eintritt der Turbinenlaufräder ausgestatteten verstellbaren Leitschaufeln regeln. Durch Verstellen der Leitschaufelposition werden sowohl der wirksame Strömungsquerschnitt als auch der Zuströmwinkel zum Laufrad geändert. Das Schließen der Leitschaufeln führt zu einer Zunahme der Umfangskomponente der Strömungsgeschwindigkeit am Laufradeintritt und zu einer Erhöhung der Turboladerdrehzahl und -leistung insbesondere bei niedrigem Abgasmassenstrom. Bei den hohen Motordrehzahlen werden die Leitschaufeln geöffnet, was zur Vergrößerung des Turbinenquerschnitts führt. Die Strömungsgeschwindigkeit und der Abgasgegendruck werden damit reduziert.

2.1.6 Abgasnormen und Fahrzyklen für schwere Nutzfahrzeuge

Die Typprüfung der Nutzfahrzeugmotoren wird mit Testzyklen auf dem Motorprüfstand durchgeführt. Bis zur Abgasnorm von Euro-5 werden der 13-Stufen-Test ESC (European Stationary Cycle) für den stationären Betrieb und der Zyklus ETC (European Transient Cycle) für den dynamischen Betrieb eingesetzt. Der ETC-Zyklus ist in drei Phasen unterteilt: 0-600 s Stadtteil, 600-1200 s Überlandteil und 1200-1800 s Autobahn. In Abschnitt 3.1.4 wird auf den ETC-Prüfzyklus noch detailliert eingehen.

Seit dem Jahr 2013 werden der World Harmonised Stationary Cycle (WHSC) und der World Harmonised transient Cycle (WHTC) für Typisierung der Nutzfahrzeugmotoren mit Abgasnorm Euro VI eingeführt. In Tabelle 2.1 werden die normierten Betriebspunkte des stationären Fahrzyklus WHSC aufgelistet. Die Prozedur der Entnormierung, die zur Berechnung der motorspezifischen

Drehzahlen und Drehmomente verwendet wird, wird in [66] vorgestellt. Der WHSC-Zyklus besteht aus 13-Betriebspunkten (Phasen), die mit den Wichtungsfaktoren die Häufigkeitsverteilung der Drehzahl-Drehmoment-Kombinationen in dem WHTC-Zyklus repräsentieren. Die Wichtungsfaktoren in Tabelle 2.1 dienen nur als eine grobe Orientierung. Die Testdauer jeweiliger Phase einschließlich einer Übergangsdauer zwischen vorheriger und aktueller Prüfphase (Rampe) wird von dem Zyklus definiert. Die Phasen 0, 1 und 13 werden bei den folgenden Untersuchungen trotz der großen Wichtungsfaktoren nicht berücksichtigt.

Tabelle 2.1: Normierte Betriebspunkte des WHSC-Zyklus

Phase [−]	n_{norm} [%]	M_{norm} [%]	Faktor [−]	Dauer der Phase [s] inkl. 20s-Rampe
0	Motor im Schleppbetrieb		0,24	—
1	0	0	0,17/2	210
2	55	100	0,02	50
3	55	25	0,10	250
4	55	70	0,03	75
5	35	100	0,02	50
6	25	25	0,08	200
7	45	70	0,03	75
8	45	25	0,06	150
9	55	50	0,05	125
10	75	100	0,02	50
11	35	50	0,08	200
12	35	25	0,10	200
13	0	0	0,17/2	210
Summe			1,00	1895

In Abbildung 2.5 ist der transiente WHTC-Fahrzyklus mit den normierten Motordrehzahl $n_{mot,\,norm}$ und -drehmoment $M_{mot,\,norm}$ dargestellt. Im Vergleich mit dem ETC-Zyklus nähert sich der WHTC-Zyklus realem Fahrprofil an.

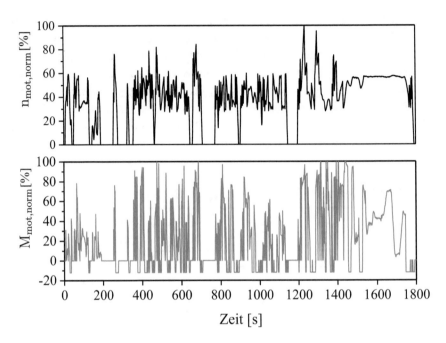

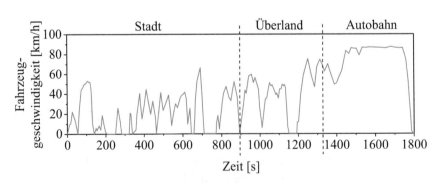

Abbildung 2.5: Weltweit harmonisierter instationärer Fahrzyklus/World Harmonized Transient Cycle (WHTC)

Abbildung 2.6: Weltweit harmonisierter Fahrzeug Zyklus/World Harmonized Vehicle Cycle (WHVC)

Soll die Untersuchung in Abhängigkeit von der Fahrzeuggeschwindigkeit durchgeführt werden, wird der WHVC-Zyklus (World Harmonized Vehicle Cycle) benötigt [16]. In Abbildung 2.6 ist der WHVC-Fahrzyklus dargestellt. Der WHVC-Zyklus besteht aus einem Stadtteil, einem Überlandteil und einer Autobahnfahrt. In den ersten 900 s des Zyklus findet die Stadtfahrt mit einer mittleren Fahrzeuggeschwindigkeit von 21,3 km/h und maximaler Fahrzeuggeschwindigkeit von 66,2 km/h statt. Die anschließenden 481 s gehören zu dem Überlandteil, bei dem die maximale Fahrzeuggeschwindigkeit 75,9 km/h und die mittlere Fahrzeuggeschwindigkeit 43,6 km/h betragen. Die letzten 419 s sind für Autobahnfahrt mit einer mittleren Fahrzeuggeschwindigkeit von 76,7 km/h und maximaler Geschwindigkeit von 87,8 km/h gegeben.

Die Berechnungen der spezifischen Emissionen sowie des spezifischen Kraftstoffs in den Zyklen erfolgen mit den folgenden Gleichungen [66]:

$$e = \frac{m_e}{W_{Zyk}}$$
Gl. 2.18

$$b_e = \frac{m_B}{W_{Zyk}}$$
Gl. 2.19

e	g/kWh	spezifische Emission
b_e	g/kWh	spezifischer Kraftstoffverbrauch
m_e	g	Massenemission
m_B	g	Kraftstoffmasse
W_{Zyk}	kWh	Zyklusarbeit

Tabelle 2.2: Abgasgrenzwerte der EURO-5 und EURO-6 für schwere Diesel-Nutzfahrzeuge ab 3,5 t bezüglich der Fahrzyklen [35]

		EURO-5 1999/96/EG Stufe B2		EURO-6 EG582/2011	
		ESC/ELR	ETC	WHSC	WHTC
NO_x	[g/kWh]	2	2	0,4	0,46
NH_3	[ppm]	–	–	10	10
CO	[g/kWh]	1,5	4	1,5	4
THC	[g/kWh]	0,46	0,55	0,13	0,16
PM	[g/kWh]	0,02	0,03	0,01	0,01

In Tabelle 2.2 sind die Abgasgrenzwerte der EURO-5 und EURO-6 für schwere Diesel-Nutzfahrzeuge ab 3,5 t aufgelistet. Die Werte gelten für die über den Auspuff ausgestoßenen Emissionen.

2.2 Grundlagen des WHR-Systems

Im Folgenden werden die theoretischen Grundlagen für das auf Rankine-Prozess basierende WHR-System erläutert, um ein Verständnis der späteren Modellierung und Simulation des WHR-Systems zu verschaffen.

2.2.1 Clausius-Rankine-Prozess

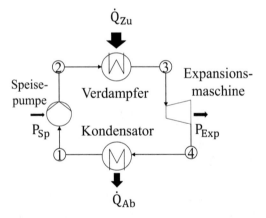

Abbildung 2.7: Schaltbild einer einfachen Dampfkraftmaschine nach Prinzip des Rankine-Prozesses

Der nach dem schottischen Ingenieur William John Macquorn Rankine benannte Rankine-Prozess ist ein geschlossener, rechtslaufender thermodynamischer Kreisprozess, der den Verlauf der Zustandsänderung des Arbeitsmediums in der Dampfkraftmaschine beschreibt. Beim Einsatz von Wasser als Arbeitsmittel wird dieser Dampfkreisprozess zusätzlich mit dem Name von dem deutschen

Physiker Rudolf Julius Emanuel Clausius als Clausius Rankine Prozess (CRC, engl. Abkürzung für Clausius-Rankine-Cycle) bezeichnet. Wenn der Kreisprozess anstatt Wasser mit organischen Medien arbeitet, wird er als Organic Rankine Cycle (ORC) genannt. In Abbildung 2.7 wird der Aufbau einer einfachen Dampfkraftmaschine nach Prinzip des Rankine-Prozesses dargestellt.

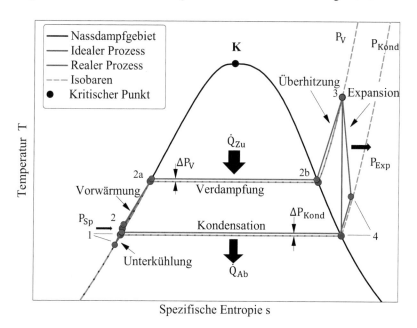

Abbildung 2.8: Idealer und realer CRC im T-s-Diagramm [38]

Des Weiteren ist die Prozessführung am Beispiel von einem CRC - ideal und real - im T-s-Diagramm, Abbildung 2.8, dargestellt. In dieser Arbeit wird ausschließlich die unterkritische Prozessführung betrachtet. Der Rankine-Prozess umfasst hauptsätzlich vier Zustandsänderungen des Arbeitsmediums, die mit vier Systemkomponenten einer Dampfkraftmaschine verwirklicht werden können. Der ideale Rankine-Prozess besteht aus zwei Isobaren und zwei Isentropen:

$1 \rightarrow 2$: Isentrope Kompression des Arbeitsmediums durch die Speisepumpe. Die adiabate Speisepumpe fördert das flüssige Arbeitsmedium unter Druckerhöhung von Kondensationsdruck auf Verdampfungsdruck zu dem Verdampfer. In diesem Verlauf wird eine Pumpenleistung P_{Sp} dem System zugeführt.

$2 \rightarrow 3$: Isobare Wärmezufuhr im Verdampfer. Das Arbeitsmedium wird zuerst mit einem Teil der zugeführten Wärme auf Verdampfungsdruckniveau vorgewärmt, $2 \rightarrow 2a$. Beim Erreichen der Verdampfungstemperatur im Punkt 2a beginnt das Arbeitsmedium zu verdampfen, $2a \rightarrow 2b$. Das Arbeitsmedium ist trocken gesättigter Dampf bei dem Punkt 2b. Mit weiterer Wärmezufuhr wird es im Dampfgebiet überhitzt, $2b \rightarrow 3$. Die Überhitzung dient zur Vermeidung der anschließenden isentropen Entspannung des Arbeitsmediums in das Nassdampfgebiet und somit der Schädigung der Expansionsmaschine durch Tropfenschlag.

$3 \rightarrow 4$: Isentrope Expansion des dampfförmigen Arbeitsmediums vom Verdampfungsdruck P_V auf den Kondensationsdruck P_{Kond} unter Abgabe von Nutzleistung P_{Exp}.

$4 \rightarrow 1$: Isobare Wämreabfuhr im Kondensator. Das Arbeitsmedium wird durch Abfuhr der Wärme $\dot{Q}_{Ab}$ im Kondensator abgekühlt.

Im realen Fall verlaufen die Zustandsänderungen irreversibel. Durch Reibung und Verwirbelung kommt es zu einem Entropiezuwachs in der Pumpe und Expansionsmaschine, so dass keine isentrope Zustandsänderung möglich ist. Eine Unterkühlung wird zur Vermeidung von Dampfblasenbildung in der Pumpe (Kavitation) eingesetzt und sorgt für ein vollkommen flüssiges Arbeitsmedium am Eintritt der Speisepumpe. In Verdampfer und Kondensator treten die nicht vernachlässigbaren Strömungsdruckverluste auf, die jeweils als ΔP_V und ΔP_{Kond} im T-s-Diagramm bezeichnet werden.

Je nach der Stoffeigenschaften des Arbeitsmediums und die Prozessführung können weitere Maßnahmen zur Effizienzsteigerung für den Rankine-Prozess ergriffen werden. Während der Zustandsänderung $3 \rightarrow 4$ kann beispielsweise ein Teil der Restwärme des Arbeitsmediums nach der Entspannung beim Einsatz von einem Rekuperator als Wärmequelle für die Vorwärmung des Arbeitsmediums in der Phase $2 \rightarrow 2a$ wieder genutzt werden. In diesem Fall kann die Wärme $\dot{Q}_{Zu}$ idealerweise direkt zur Verdampfung im Nassgebiet und Überhitzung in Gebrauch genommen werden. Allerdings ist diese Maßnahme nur bei einem „trockenen" Arbeitsmedium sinnvoll, vgl. Abschnitt 2.2.2, und mit den zusätzlichen Anlagenkosten und -gewicht verbunden. Eine Steigerung des thermischen Wirkungsgrads des Rankine-Prozesses ist auch durch Einführung der Zwischenüberhitzung möglich. Dabei werden zwei oder drei hintereinander geschalteten Expansionsmaschinen für den Expansionsvorgang eingesetzt. Der Dampf des Arbeitsmediums wird nach der ersten Expansionsmaschine in einem Zwischenüberhitzer unter Zufuhr der weiteren Wärme wieder erhitzt und expandiert in nächster Expansionsmaschine. Diese Maßnahme findet häufig ihre Anwendung bei den Dampfkraftmaschinen für Kraftwerken, da eine große menge von Wärme für die Verdampfung des Arbeitsmediums zur Verfügung steht und es sich damit eine große Volumenzunahme des Dampfes ergibt.

2.2.2 Arbeitsmedium

Das Arbeitsmedium hat einen großen Einfluss auf die Effizienz des Rankine-Prozesses. Die Auslegung der Komponenten und Prozessführung des Systems müssen an das eingesetzte Arbeitsmedium angepasst werden. Bei der Auswahl des Arbeitsmediums in der Dampfkraftmaschine für Automobilanwendung werden drei Kriterien berücksichtigt [3]:

a)   thermodynamisches Kriterium

b)   Umweltverträglichkeit

c)   Gefährdungspotential

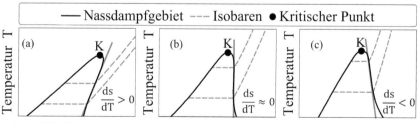

Abbildung 2.9: Einteilung der Arbeitsmedien für Rankine-Prozess nach Steigung der Taulinie im T-s-Diagramm: (a) trockene, (b) isentrope, (c) nasse Arbeitsmedien

Bei der Einteilung des Arbeitsmediums wird der Verlauf der Taulinie im T-s-Diagramm betrachtet. Nach der Steigung der Taulinie wird es zwischen trockenen ($\frac{dT}{ds} > 0$), isentropen ($\frac{dT}{ds} \approx 0$) und nassen ($\frac{dT}{ds} < 0$) Medien unterschieden. In Abbildung 2.9* sind beispielhaft die idealen Prozessführungen für die drei Arten der Arbeitsmedien dargestellt.

Bei trockenen Medien (a) liegt die spezifische Entropie des Endpunktes der Verdampfung (Punkt 3, vgl. Abbildung 2.8) größer als die nach der Expansion (Punkt 4) vor, sodass keine Überhitzung erforderlich ist. Das trockene Arbeitsmedium hat jedoch am Ende der Expansionsphase noch sensible Wärme gespeichert. In diesem Fall kann ein Rekuperator zur Enthitzung nach der Expansionsphase und zur Vorwärmung des Arbeitsmediums nach der Kompressionsphase (2 → 2a) eingesetzt werden [49]. Damit erhöht sich der Prozesswirkungsgrad des Systems. Im Gegensatz dazu kann das Ende der Expansion bei den nassen Arbeitsmedien im Zweiphasengebiet liegen und ist eine Überhitzung zur Vermeidung von Tropfenschlag in der Expansionsmaschine, z.B. Dampfturbinen, notwendig [49]. Die isentropen Medien benötigen weder eine Überhitzung noch einen Rekuperator, da die Steigung der Taulinie quasi senkrecht verläuft.

Ein weiterer Faktor bei der Auswahl des Arbeitsmediums ist die Umweltverträglichkeit. Zu den wichtigsten Bewertungskennzahlen gehören das Greenhouse Warming Potential (GWP) und das Ozone-Depleting Potential (ODP). Das GWP gibt die Wirkung auf den Treibhauseffekt auf hundert Jahre bezogen im Vergleich zu CO_2 wieder. Je höher das GWP eines Arbeitsmediums ist, umso größere negative Auswirkung auf die Atmosphäre gibt es [97]. Die GWPs der Arbeitsmedien für Automobilanwendung sollen in der EU unterhalb von 150 liegen [69]. Mit ODP wird der Einsatz Fluor-, Chlor-, und Brom-haltiger Stoffe reguliert [1].

Für den Einsatz der organischen Arbeitsmedien im Nutzfahrzeug muss das Gefährdungspotential bewertet werden. Ein giftiges Arbeitsmedium kommt nicht zum Einsatz, um bei Leckage die menschliche Gesundheit nicht zu gefährden. Außerdem müssen die Entzündlichkeit und Explosionsvermögen bei der Auswahl des Arbeitsmediums berücksicht werden, sodass eine mögliche schwere Explosion insbesonders bei Verkehrsunfall zu Vermeiden.

---

*Arbeitsmedien in Abbildung 2.9: Hexane (a), R1234z (b), Ethanol (c)

In der vorliegenden Arbeit wird es nicht auf die Untersuchung der Stoffeigenschaften unterschiedlicher Arbeitsmedien für Rankine-Prozess eingegangen.
Die folgenden Literaturen geben Auskunft über die möglichen Arbeitsmedien
für die Automobilanwendung.

Körner untersuchte in seiner Dissertation 31 Medien mit Rücksicht auf die
Anforderungen der Systemkomponenten an Arbeitsmedien für ihren Einsatz
im PKW [47]. Er hatte mit Hilfe von Simulation die Arbeitsmedien hinsichtlich ihrer Auswirkungen auf die Baugröße des Kondensators, die Ausführung
der Expansionsmaschinen, den Wirkungsgrad des Systems und die optimale
Prozessführung bewertet. Außerdem wurden die GWPs der Medien gegenübergestellt. Auf Basis der Simulationsergebnissen kamen vier Medien für
den Einsatz im PKW in die engere Wahl: R600 (Butan), R600a (Isobutan),
R1234yf (2,3,3,3-Tetrafluorpropen), R290 (Propan). Schließlich erwies sich
R1234yf wegen der besseren thermodynamischen Eigenschaften als das beste
Arbeitsmedium. Da das Kältemittel R134a über die ähnlichen Eigenschaften
wie R1234yf verfügt, wurden die weiteren Untersuchungen in seiner Arbeit mit
R134a durchgeführt.

Horst hatte in seiner Dissertation fünf in der Literatur verstärkt diskutierten Medien für PKW-Anwendung miteinander verglichen [38]. Bei der Untersuchung
des Prozesswirkungsgrads und der Prozessführung wurden Wasser und Toluol
herangezogen. Die Ergebnisse zeigten es, dass ein System mit dem Toluol
als Arbeitsmedium und mit Rekuperation sowie Überhitzung bei der höheren
Verdampfungstemperatur einen größeren Wirkungsgrad hatte.

Amicabile, Lee und Kum betrachteten diverse Kältemittel und organische Medien in der Veröffentlichung [3] im Hinblick auf die thermodynamischen Eigenschaften, GWP, ODP und das Gefährdungspotential. Das Ziel war es, dass
das optimale Arbeitsmedium für ein Restwärmenutzungssystem mit AGR-
Abgaswärme eines Diesel-Nutzfahrzeugs als Wärmequelle zu finden. Die Untersuchungen hatten gezeigt, dass Ethanol als Arbeitsmedium den Vorteil von
Prozesswirkungsgrad und Baugröße der Systemkomponenten hat. Das nicht
entzündliche Kältemittel R245fa hat Null ODP und ist nahezu ungiftig. Es
erwies sich als das sicherste fluid und wurde als Arbeitsmedium für weitere
Untersuchungen in der Veröffentlichung eingesetzt.

FVV hatte ein Projekt für Identifizierung des optimalen organischen Arbeitsmediums in Bezug auf die Anwendung des ORCs in automobilen Anwendungen gestaltet [69]. Dabei wurden 3147 potentielle Arbeitsmedien mit Hilfe von der thermodynamischen Prozesssimulation gegenübergestellt. Die mit Simulation festgelegten besten Arbeitsmedien sind R-152 (1,2-difluoroentahne), R-30 (dichloromehtane), Etahnol, Methanol und Hexamethyldisiloxane.

In dieser Arbeit wird Ethanol als das Arbeitsmedium herangezogen. Die Untersuchungsergebnisse und Aussage über das Arbeitsmedium in der Veröffentlichung [78] liegt dieser Entscheidung grunde. Die Autoren hatten ein WHR-System zur Abgaswärmenutzung für ein schweres Nutzfahrzeug entwickelt. Um die Einsatzmöglichkeit und die Güte der Arbeitsmedien für zwei verschiedenen Expansionsmaschinen, eine Dampfturbine und einen Kolbenexpander, zu bewerten, wurden fünf Arbeitsmedien näher betrachtet: Wasser, Toluene, Hexamethyldisiloxan, R245fa und Toluol. Es wurde festgelegt, dass die Arbeitsmedien von Wasser, Ethanol, Hexamethyldisiloxan und R245fa zum Antrieb der Expansionturbine geeignet. Das WHR-System mit einem Kolbenexpander besitzt einen besseren Wirkungsgrad beim Einsatz von Wasser oder Ethanol im Vergleich zu den anderen Medien. Die Simulationsergebnisse mit einem WHR-Systemmodell für drei ausgewählten ESC-Betriebspunkte hatten gezeigt, dass ein Kolbenexpander mit Wasser/Ethanol oder eine Dampfturbine mit Ethanol die besten Kombinationen sind. Im Allgemeinen hat das Ethanol als Arbeitsmedium für Automobilanwendung den Vorteil davon, dass es ungiftig und umweltfreundlich ist. Gleichzeitig verfügt es über hohe thermische Effizienz und kann in einem bereiten Betriebsbereich des Verbrennungsmotors eingesetzt werden. Der Hauptnachteil von Ethanol ist es entzündlich, dass ein Sicherheitspaket für das WHR-System entwickelt werden muss [69].

2.2.3 Wirkungsgrad

Der Wirkungsgrad des auf Rankine-Prozess basierenden WHR-Systems ist als das Verhältnis von abgegebener Nettoleistung zu zugeführter Wärme definiert. Er wird nach Gl. 2.20 berechnet:

$$\eta_{WHR} = \frac{P_{net}}{\dot{Q}_{Zu,WHR}} = \frac{P_{Exp} - P_{Sp}}{\dot{Q}_{Zu,WHR}} \qquad \text{Gl. 2.20}$$

Bei der idealen Prozessführung wird die Pumpenleistung P_{Sp} im Allgemeinen vernachlässigt und der Differenz zwischen den dem System zu- und abgeführten Wärmeströmen entspricht. Der ideale Prozesswirkungsgrad kann dann mit Gl. 2.21 formuliert werden:

$$\eta_{id,WHR} \approx \frac{P_{net}}{\dot{Q}_{Zu,WHR}} \approx \frac{\dot{Q}_{zu,WHR} - \dot{Q}_{Ab,WHR}}{\dot{Q}_{Zu,WHR}}$$

$$\approx 1 - \frac{\dot{Q}_{Ab,WHR}}{\dot{Q}_{Zu,WHR}} \approx 1 - \frac{\dot{m}_{AM} \cdot T_{Kond} ds_{Ab}}{\dot{m}_{AM} \cdot T_V ds_{Zu}}$$

Gl. 2.21

Da der ideale Prozess mit einer isentropen Kompression, einer isothermen Expansion unter Zufuhr von Wärme, einer isentropen Expansion und einer isothermen Kompression unter Abfuhr von Wärme durchläuft, sind die Entropieänderungen ds_{Zu} und ds_{Ab} gleich. Somit ergibt sich der ideale Prozesswirkungsgrad aus Gl. 2.21 zu:

$$\eta_{id,WHR} \approx 1 - \frac{T_{Kond}}{T_V}$$

Gl. 2.22

Die Gl. 2.22 besagt, dass der Wirkungsgrad des idealen WHR-Kreisprozesses um so höher ist, je höher die Verdampfungstemperatur T_V und je niedriger die Kondensationstemperatur T_{Kond} ist.

2.3 Thermomanagement für schwere Nutzfahrzeuge

Aufgabe von Thermomanagement

Dem Fahrzeugkühlsystem kommt im Rahmen von Thermomanagementkonzepten eine besondere Bedeutung zu, da es Wärme zwischen verschiedenen Wärmequellen und -senken transportiert. Die Hauptaufgabe des Kühlsystems besteht im Abtransport der Wandwärme des Verbrennungsmotors, um den Motor vor Überhitzung zu schützen. Das Kühlsystem eines Fahrzeugs ist daher so auszulegen, dass im gesamten Betriebsbereich des Motors die zulässigen Bauteiltemperaturen nicht überschritten werden. Da auch extremen Betriebsbedingungen ohne thermische Überlastung des Motors widerstanden werden muss, sind die meisten Komponenten eines Kühlsystems, wie z.b. Wasserpumpe, Hauptkühler und Ladeluftkühler für nahezu alle kundenrelevanten Anwendungsbedingungen überdimensioniert. Eine weitere Aufgabe des Kühlsystems ist das Beheizen des Fahrgastraumes bei niedrigen Umgebungstemperaturen.

Entwicklungstrend von Thermomanagement für schwere Nutzfahrzeuge

Mit Einführung der Euro-VI-Abgasnorm besteht die Herausforderung für die Entwicklung von Kühlsystem, um den zusätzlichen Kühlleistungsbedarf des Lkw-Dieselmotors Kraftstoffverbrauch neutral darzustellen. Bei der aktuellen Entwicklung von Thermomanagement für schwere Nutzfahrzeuge liegt zwei Trends vor. Einerseits liegt der Schwerpunkt auf Optimierung und Entwicklung der Komponenten im Kühlsystem, z.b. Kühlmittelkühler, Ladeluftkühler und AGR-Kühler mit großer Leistungsdichte, Lüfterantriebe mit hoher Regelgüte und erstmalig ein Visco-Antrieb für die Kühlmittelpumpe. Andererseits steht die Entwicklung der innovativen Betriebsstrategie für Kühlsystem im Fokus, z.b. bedarfsorientiertes Kühlsystem, vorauschauende Betriebsstrategie.

Literaturrecherche Thermomanagement für WHR-System

Aus der Literatur sind detaillierte Informationen über Thermomanagement von Motorkühlsystem für Nutzfahrzeug mit integriertem WHR-System (sowohl auf Rankine-Prozess basierend als auch TEG) kaum zu finden. Rauscher hatte in [72] Vor- und Nachteile für Verwendung unterschiedlicher Kühlkreisläufe, z.b. Hochtemperatur-, Getriebeölkühlkreislauf und zusätzlicher Kühlkreislauf, kurz erwähnt. Allerdings wird bei seinen Untersuchungen zu einem TEG als WHR-System eine angenommene ideale Randbedingung von Kühlung eingesetzt. Jung [39] hatte bei der Entwicklung von einem auf Rankine-Prozess basierenden WHR-System mit Kolbenmaschine als Expander ein Kennfeld der maximalen Kühlleistung, das von Projektpartnern zur Verfügung gestellt wird, eingesetzt. Es steht keine weitere Information über das Kennfeld zur Verfügung. In [24] hatte Grelet zusätzliche Kühlkreisläufe für ein Rankine-WHR-System konzipiert. Eine tiefere Diskussion über Kühlungskonzepte werden jedoch nicht geführt. Bei der Entwicklung eines TEG-Systems für den Einsatz in dieselelektrischen Lokomotiven hatte Heghmanns [31] einen zusätzlichen Kühlkreislauf für die Kühlung von TEG eingesetzt und die angepasste Betriebsstrategie entwickelt, die mittels einer Steuerkennlinie zusätzlicher Kühlmittelpumpe durchgesetzt wird.

2.4 Simulationsmethode

Bei der Simulation von den in dieser Arbeit diskutierten Subsystemen, also der Verbrennungsmotor, der Kühlkreislauf des Motors und das auf Rankine-Prozess basierende Restwärmenutzungssystem, handelt es sich um die Strömungsberechnung. Dafür lassen sich je nach Detailbedarf zwischen zwei Simulationsmethoden unterscheiden: 3D-CFD- und 0D/1D-CFD-Simulation.

Die Navier-Stokes-Gleichungen bilden die Grundlage für die 3D-Simulation der Strömung. Die Gleichungen werden mit den eingesetzten numerischen Verfahren und Algorithmen dreidimensional gelöst. Dadurch werden die Strömungen mit hohen räumlichen Auflösung mathematisch beschrieben. Der Rechenaufwand derartiger Berechnungen ist so hoch, dass es bei der Simulation von einem Gesamtsystem, z.b. Vollmotor oder Kühlsystem des Motors, kaum eingesetzt wird. Die 3D-CFD-Simulation wird zur Optimierung einzelner Bauteile vorzugsweise verwendet.

Im Gegensatz zu 3D-CFD-Simulation wird bei 1D-Simulation die Betrachtung der Strömung mit den entsprechenden Modellvorstellungen auf eine Dimension reduziert. Die Rechendauer wird dadurch verkürzt. Diese Methode ist für Rohrströmungen und Durchströmung kleiner Volumenkörper ausreichend, wie sie in dem Luftpfad von Verbrennungsmotoren und in dem Kühlkreislauf von Kühlsystemen vorkommen.

1D-Strömungsberechung löst die Navier-Stokes-Gleichungen, die aus der Kontinuitätsgleichung Gl. 2.23, der Energieerhaltung Gl. 2.24/Gl. 2.25 und der Impulserhaltungsgleichung Gl. 2.26 zusammensetzen, in die Strömungsrichtung.

$$\frac{\dot{m}}{dt} = \sum_{VG} \dot{m} \qquad \text{Gl. 2.23}$$

$$\frac{d(mu)}{dt} = -P\frac{dV}{dt} + \sum_{VG}(\dot{m}h) + \frac{dQ_w}{dt} \qquad \text{Gl. 2.24}$$

$$\frac{d(\rho V h)}{dt} = \sum_{VG}(\dot{m}h) + V\frac{dp}{dt} + \frac{dQ_w}{dt} \qquad \text{Gl. 2.25}$$

$$\frac{dm}{dt} = \frac{dpA + \sum_{VG} \dot{m}v - 4\xi_f \frac{\rho v|v|}{2}\frac{dxA}{D} - \xi_p(\frac{1}{2}\rho v|v|A)}{dx}$$ Gl. 2.26

Dabei wird das Strömungsfeld in einer Anzahl endlicher Volumina unterteilt, für welche die Erhaltungssätze formuliert werden. Diese Diskretisierungsmethode wird als Finite-Volumen-Verfahren benannt. In Abbildung 2.10 ist die Diskretisierung des Strömungspfads mit Finite-Volumen-Verfahren schematisch dargestellt.

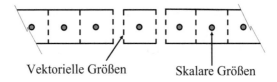

Vektorielle Größen   Skalare Größen

Abbildung 2.10: Diskretisierung mit Finite-Volumen-Verfahren [86]

Die einzelnen Volumina sind durch Volumengrenzen verbunden und über die skalaren Größen, z.B. Druck, Temperatur, Dichte, innere Energie, Enthalpie, Zusammensetzungen usw., charakterisiert. Die vektoriellen Größen, z.B. Massenstrom, Strömungsgeschwindigkeit usw., werden an der Volumengrenze berechnet. Es stehen zwei Arten der Solver zum Lösen der Gleichungen, expliziter und impliziter Solver. Bei der expliziten Methode zieht die Berechnung der physikalischen Zustandsgröße die Ergebnisse des vorangehenden Rechenschritts heran. Die Rechenzeit ist somit proportional dem Produkt aus den Rechenschritten und der Anzahl der Teilvolumina. Um eine Konvergenz und die numerische Stabilität zu gewährleisten, wird die zeitliche Schrittweite begrenzt. Nach Courant [14] wird der Zusammenhang zwischen Diskretisierungslänge und der zeitlichen Schrittweite mit Gl. 2.27 dargestellt.

$$\Delta t \leq 0,8 \cdot \frac{\Delta x}{|v| + c} \qquad \text{Gl. 2.27}$$

mit

Δt zeitliche Schrittweite
Δx minimale Diskretisierungslänge
v Strömungsgeschwindigkeit
c Schallgeschwindigkeit

Die kleine zeitliche Schrittweite ermöglicht eine geringe Rechendauer im einzelnen Rechenschritt und ist für die Berechnung der hochdynamischen Strömungsvorgänge geeignet, z.b. Luftpfad des Verbrennungsmotors.

Im Gegensatz zu dem expliziten Solver erfolgt die Simulation eines Systems mit der impliziten Methode iterativ. Das System wird bei jedem Rechenschritt komplett berechnet. Obwohl die Rechendauer einzelnes Rechenschritts vergleichsweise groß ist, lässt die zeitliche Schrittweite, die nach den Vorkenntnissen und Erfahrungen von Ingenieuren vorgegeben werden können, wesentlich vergrößern. Für die Systeme, bei denen die dynamischen Effekte uninteressant sind, z.b. Kühlkreislauf des Motors und das WHR-System, wird der implizite Solver verwendet.

Die 0D-Simulation gilt für eine weitere Vereinfachung der Modellierung im Bereich von Strömungsberechnung. Ein typisches Einsatzgebiet für 0D-Simulation ist die Modellierung des Luftpfads von Verbrennungsmotor, wobei unterschiedliche Methoden je nach Anwendungszweck zur Verfügung stehen. Die Füll- und Entleer-Methode ist beispielsweise ein gebräuchliches Konzept für die nulldimensionale Modellierung des Luftpfads. Dabei werden die kleinen Volumina des Luftpfads in einigen großen Volumina, die als Behälter gedacht werden, zusammengeführt. Die Zustandsgrößen innerhalb der jeweiligen Behälter wird unter Berücksichtigung von Füll- und Entleervorgängen berechnet. Da es bei der Füll- und Entleermethode angenommen wird, dass die Behälter von den Strömungen ohne Verzögerung gefüllt werden, dienen die Mittelwerte der Zustandsgrößen zur Beschreibung des Systems. In diesem Fall entfallen die Betrachtung der gasdynamischen Effekte. Eine Untersuchung der Zylindergrößen mit derartigen Modellen wie bei 1D-Simulation ist immer noch möglich, da die Zylinder kurbelwinkelaufgelöst berechnet werden. Ein Modell nach diesem Ansatz wird in [88] aufgrund der im Vergleich zu der 1D-Simulation stark verkürzten Rechendauer als Fast Running Model (schnelllaufendes Modell, FRM) bezeichnet. Sind die Vorhersagefähigkeit für die Verbrennung von dem Motormodell nicht von Interesse, können die Zylinder arbeitsspielgemittelt modelliert werden. Die Motorgrößen, wie der thermische Wirkungsgrad, die Abgastemperatur aus Zylindern usw., die sich entweder aus Messdaten oder aus Simulationsergebnissen mit 1D-Simulation ergeben, müssen als Kennfelder in einem Ersatzzylindermodell hinterlegt werden. Der Vorteil dieses Modellansatzes, der als Mittelwertmodell (engl. Mean Value Model, MVM) bezeichnet wird, liegt im Vergleich zu dem FRM in der noch kürzeren Rechenzeit. Der Einsatz von einem MVM für die Echtzeitsimulation ist möglich, z.B. bei der SiL-Simulation (Software in the Loop). Zu der Rechenzeit effizientesten 0D-Simulationsmethode gehört die datenbasierte Modellierung des Motors. Dabei werden die Strömungsvorgänge nicht physikalisch modelliert, sondern entweder rein kennfeldbasiert oder mit den statistischen Modellen, z.B. Polynom-Modell, neuronales Netz Modell, dargestellt. Im anschließenden Abschnitt wird auf diese statistischen Modellen detailliert eingehen.

In der 1D-Simulation für Motorprozessrechnung werden die Bauteile wie Brennraum und Abgasturbolader nulldimensional modelliert. Eine detaillierte Erklärung zu der Modellierung mit 0D-/1D-Simulationsmethode von Motor ist am Beispiel von dem in der vorliegenden Arbeit eingesetzten Versuchsträger in Kapitel 3 zu finden. Darüber hinaus können der Kühlkreislauf des Motors und das WHR-System auch nulldimensional modelliert werden. Da die Größenordnung der Rechenschrittweite von den Modellen mit dem impliziten Solver viel größer als die von einem Motormodell, weist ein FRM für solche Systeme hinsichtlich der Rechenzeit keinen wesentlichen Vorteil auf. Die Vereinfachung der Strömungsstrecke im FRM führt gleichzeitig zu den Informationsverlusten. Deshalb ist FRM für solche Systeme sinnlos. Die datenbasierte Modellierung für diese Systeme können bei Simulation der gekoppelten Systeme zum Einsatz kommen.

Bei der Untersuchung der Bewegungsvorgänge eines Fahrzeugs in Fahrtrichtung hinsichtlich des Energiebedarfs von den Antrieben wird die Längsdynamiksimulation eingesetzt. Die Modellierung des Fahrzeugs erfolgt mit 1D-Massenträgheit-Methode. Dabei werden die einzelnen Bauteile mit Massenträgheit modelliert. Die Zusammenhänge zwischen den Bauteilen werden von den Verbindungen definiert. Im Rahmen der vorliegenden Arbeit wird die Längsdynamiksimulation hauptsächlich für das Ziel eingesetzt, dass die Randbedingungen für die Untersuchung zu den Antriebssystemen und Kühlsystem in den Fahrzyklen zu generieren. Eine detaillierte Beschreibung der Modellierungs- und Simulationsmethoden der Fahrzeuglängsdynamik ist [90] zu entnehmen.

Die in dieser Arbeit durchgeführten numerischen Untersuchungen werden mit Hilfe von einer kommerziellen 1D-Simulationssoftware GT-Suite von Gamma Technologies durchgeführt.

2.5 Grundlagen der modellbasierten Optimierung

Die Steuerung, Regelung und auch Diagnose heutiger Motoren werden mit dem elektronischen Motormanagementsystem (Steuergerät, engl. ECU, Engine Control Unit) umgesetzt. Bei der Modellierung und Simulation werden die Daten aus ECU für Steuerung und Regelung des Motors verwendet.

In elektronischen Motormanagementsystemen werden Kennfelder der Führungsgrößen eingebettet, aus denen in Abhängigkeit von dem Motorbetriebszustand die Sollwerte für die Stellgrößen, z.B. Ladedruck, Einspritzbeginn, Luftmassenstrom, generiert werden. Die Stützstellen (Betriebspunkte) der Führungsgrößen-Kennfelder werden durch optimale Einstellung von Stellgrößen gemäß der gegebenen Betriebsstrategie für den Verbrennungsmotor appliziert. Eine solche Betriebsstrategie könnte z.b. Minimierung von Kraftstoffverbrauch und Emissionen an der einzelnen Stützstelle der Kennfelder, im Anschluss Verbrauchsoptimierung bei Einhaltung von vorgegebenen Emissionsgrenzwerten für definierte Fahrzyklen sein.

Das Suchen und Finden der optimierten Stellgrößen erfolgt aufgrund der Komplexität der Motoren in der Regel nicht mit analytischen Verfahren. In den jüngsten Jahren hat sich die modellbasierte Vorgehensweise durchgesetzt. Dabei wird basierend auf den Messdaten ein statistisches Motormodell identifiziert, mit Hilfe dessen die optimalen Werte der Stellgrößen mit rechnerbasierten Algorithmen eingestellt werden kann.

Die modellbasierte Optimierung der Führungsgrößen-Kennfelder wird in folgende Schritte unterteilt:

1. Festlegung des Variationsraums der Stellgrößen

2. Erstellung der statistischen Versuchsplanung

3. Erstellung des statistischen Modells

4. Modellbasierte Sollwert-Optimierung

2.5.1 Festlegung des Variationsraums

Der zulässige Bereich der Stellgrößen wird als Variationsraum bezeichnet. Mit der Festlegung des Variationsraums wird der Gültigkeitsbereich des später erstellten Versuchsplans und des abgeleiteten statistischen Modells definiert. Die Grenzen des Variationsraums sollten weder zu eng oder zu groß gewählt werden. Bei den engen Grenzen kann das Modell die Zusammenhänge zwischen Eingangs- und Ausgangsgrößen sowie Motorverhalten nicht vollständig oder falsch beschreiben. Werden hingegen die Grenzen zu groß gewählt, steigt die Anzahl an Messversuchen und -aufwand exponentiell an. Da die Messversuchen, unabhängig von dem Thema der vorliegenden Arbeit, hauptsächlich am Motorprüfstand durchgeführt werden, müssen die Grenzen basierend auf Expertenwissen mit Sorgfalt bestimmt werden, um eine Schädigung des Motors zu vermeiden. Für nähere Informationen zu den Methoden für die Festlegung des Variationsraums der Stellgrößen wird auf [45] [74] [75] hingewiesen.

2.5.2 Statistische Versuchsplanung

Bei einem Versuchsplan werden geeignete Kombinationen der Stellgrößen innerhalb des zulässigen Variationsraums ausgewählt, um das Systemverhalten experimentell zu untersuchen. Die „normale" Methode des Änderns eines Faktors (Stellgröße) nach dem anderen (engl. one factor at a time) ist nicht einsetzbar, da die Interaktion nur zufällig bzw. niemals entdeckt wird. Deshalb erfolgt die Versuchsplanung mit statistischen Verfahren.

Die statistische Versuchsplanung (engl. Design of Experiment, DoE) unterscheidet sich zwischen klassischen, Raumfüllenden und Modellbaierten Versuchsplänen. Bei den klassischen Versuchsplänen kann das Versuchsraum rasterförmig (würfelförmig oder sphärisch) abgedeckt werden. Hier gilt es für einen vollfaktoriellen Versuchsplan, bei dem alle Kombinationen der Faktoren getestet werden. Die Anzahl der Messpunkte n_{MP} ergibt sich aus der Anzahl der Faktoren n_F und der Anzahl der Rasterstufen n_S:

$$n_{MP} = n_S{}^{n_F} \qquad \text{Gl. 2.28}$$

Aufgrund der exponentiellen Erhöhung des Versuchsaufwands sind klassische Verdsuchspläne nur bei wenigen Rasterstufen und kleiner Anzahl der Faktoren sinnvoll.

Bei den raumfüllenden Versuchsplänen wird das von den Stellgrößenkombinationen umgegrenzte Testfeld möglichst gleichmäßig abgedeckt. Zur Erzeugung solcher Testfelder stehen unterschiedliche Algorithmen zur Verfügung, z.B. Monte-Carlo-Verfahren, Halton- und Hammersley-Sequenz, Faure-Sequenz, Sobol-Sequenz und Latin Hypercube Sampling (LHS-Versuchsplan). In der Praxis zeigt sich, dass der LHS-Versuchsplan vorteilhafte Eigenschaften für Computer-Experimente aufweist [57] [64]. Im Folgenden wird ausschließlich diese Methode näher erläutert.

Das LHS-Verfahren wurde erstmals vorgestellt in [53]. Es handelt sich dabei um Zufallsstellgrößen, welche bei der Projektion auf die jeweiligen Stellgrößenachsen eine Gleichverteilung bei maximiertem Punktabstand oder minimaler Korrelation ergeben [48]. Es bildet sich in den Variationsräumen nach der Anzahl der Schichten bestimmte Bereiche. In jedem Bereich wird der Punkt der Stellgrößenkombination nur einmal gesetzt. Dadurch werden die wiederholenden Punkte in dem Versuchsplan vermieden, welche bei dem Monte-Carlo-Verfahren auftreten kann. Bei gutem Aufbau eines LHS wird das Testfeld größtmöglich und gleichmäßig abgedeckt. Für nähere Informationen zu den anderen raumfüllenden Versuchsplänen wird auf [82] hingewiesen.

Modellbasierte Versuchspläne erstellen zu vermessende Stellgrößenkombinationen basierend auf einem Modell, wie z.B. Polynomen [45]. Zu den gängigen Methoden für die modellbasierten Versuchspläne zählt das *D-Optimal-Design*. Als „Optimal" wird die Maximierung des Informationsgehalts eines Versuchsplans mit möglichst wenigen Messpunkten bezeichnet [29]. Nähere Details zu

dem D-Optimal-Design und auch den anderen Methoden für die modellbasierten Versuchspläne werden in [45] [79] [93] [99] aufgeführt.

In modernen Simulationssoftwares werden die Tools für statistische Versuchsplanung integriert, welche ein automatisches Verfahren zur Versuchsplanung
ermöglichen.

2.5.3 Statistische Modellbildung

Ein statistisches Modell wird aus Daten gewonnen, die auf Basis der statistischen Versuchsplanung ermittelt werden. Im Allgemeinen werden die Zusammenhänge zwischen Ein- und Ausgangsgrößen von einem System unabhängig
von Raum und Zeit beschrieben werden. Im Gegensatz zu der 1D- oder 3D-
Modellierung weist das statistische Modell rein mathematische Darstellung
des Systemverhaltens ohne Berücksichtigung der detaillierten physikalischen
Effekte auf. Die daraus abgeleiteten Modelle werden auch gesamtheitliche
„Black-Box Models" (BBM) genannt [54]. Zur Erzeugung der benötigen statistischen Modelle stehen unterschiedliche Algorithmen zur Verfügung, welche
die Trainingsdaten optimal zur Modellierung des zu untersuchenden Systems
nutzen.

Polynome

Die Approximation eines nichtlinearen Systemverhaltens durch Einsatz der
Polynome ist die gebräuchlichste Methode für die statistische Modellbildung.
Die Gl. 2.29 gibt eine verallgemeinerte Formulierung des polynomialen Modells für eine beliebige Dimension mit p Eingangsgrößen [54]. Entsprechend
einer Taylor-Reihenentwicklung [12] ist die Genauigkeit der Approximation
von der Ordnung des Polynoms abhängig. Eine erhöhte Ordnung und damit
eine steigende Anzahl an unbekannten Koeffizienten b führen jedoch zu einer
gestiegenen Komplexität des Polynommodells.

$$\hat{y}_i = b_0 + \sum_{i=1}^{p} b_i \cdot x_i + \sum_{i=1}^{p}\sum_{j=i}^{p} b_{ij} \cdot x_i \cdot x_j + \sum_{i=1}^{p}\sum_{j=i}^{p}\sum_{k=j}^{p} b_{ijk} \cdot x_i \cdot x_j \cdot x_k \cdots \qquad \text{Gl. 2.29}$$

Die unbekannten Koeffizienten können mithilfe der Methode der kleinsten
Quadrate bestimmt werden, da sie linear in ihren Parametern sind.

Künstliche Neuronale Netze

Die Methode der künstlichen neuronalen Netzwerke (KNN) zur Abbildung des Motors wird durch biologische Nervensysteme inspiriert. In Abbildung 2.11 wird die Struktur des künstlichen neuronalen Netzwerks am Beispiel von einem einfachen vorwärtsgerichteten Netzwerk (engl.: feedforward neural network) mit einer einzelnen Schicht veranschaulicht.

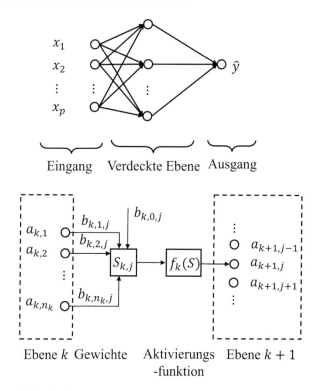

Abbildung 2.11: Struktur eines künstlichen neuronalen Netzwerks (einfaches „feedforward neural network") [23]

Ein neuronales Netzwerk setzt sich aus einer Eingangsebene, einer verdeckten Ebene und einer Ausgangsebene. Die erste Ebene erhält die p Eingangsgrößen $[x_1, x_2, \cdots, x_p]^T$ des untersuchten Motors. Die Neuronen der jeweiligen Ebene besitzen eine verallgemeinerte Notation von $a_{k,i}$, die der Aktivierungszustand des Neurons i der Ebene k bedeutet. Die Eingangsgrößen werden mit $b_{k=1,i,j}$ gewichtet und sind an den Zielneuronen j der verdeckten Ebene angekommen. Die gewichteten Eingangsgrößen werden bei diesen Neuronen aufsummiert. Eine Übertragungsfunktion f (Aktivierungsfunktion) wird zur Aktivierung eines Neurons der verdeckte Ebene eingesetzt. Die aktivierten Neuronen werden mit $b_{k=2,i,j}$ gewichtet und aufsummiert. Sie dienen bei der Ausgangsebene als Eingangsvariable. Das Zielneuron der Ausgangsebene wird auch mit einer Übertragungsfunktion aktiviert und schließlich als Ausgangsgröße (Approximation $\hat{y}$) ausgegeben.

Zwischen Ein- und Ausgangsebene können sich auch mehrere verdeckte Ebenen (mehrschichtige Perzeptronennetze, engl.: Multilayer-Perceptron-Network, MLP) befinden. Ein KNN kann auch mehrere Ausgangsgrößen approximieren. In den meisten Fällen ist es jedoch sinnvoll für jede zu untersuchende Ausgangsgröße ein eigenes KNN zu verwenden, um dieses speziell an die zu untersuchende Ausgangsgröße anzupassen.

Im unteren Teil der Abbildung 2.11 wird die Berechnungsmethode zur Ermittlung der Aktivierung eines Neurons j aus Ebene $k+1$ in Abhängigkeit aller Neuronen aus Ebene k und einer Konstanten $b_{k,0,j}$ gezeigt. Im ersten Schritt wird jedem Neuron aus Ebene k ein Gewicht $b_{k,i,j}$ zugeordnet und die Summe aller gewichteten Aktivierungen und der Konstante $b_{k,0,j}$ gebildet. Mathematisch wird es mit Gl. 2.30 formuliert:

$$S_{k,j} = b_{k,0,j} + a_{k,1}b_{k,1,j} + a_{k,2}b_{k,2,j} + \cdots + a_{k,n_k}b_{k,n_k,j}$$
$$= \sum_{i=0}^{n_k} a_{k,i}b_{k,i,j} \qquad\qquad \text{Gl. 2.30}$$
$$mit \quad a_{k,0} = 1$$

Die Aktivierung des Neurons j aus Ebene $k+1$ wird im zweiten Schritt durch die Übertragungsfunktion $f_k(S_{k,j})$ bestimmt. Die häufig gebräuchliche Aktivierungsfunktion ist die Sigmoidfunktion:

$$f_k(S_{k,j}) = \frac{1}{1 + e^{(-S_{k,j})}} \qquad\qquad \text{Gl. 2.31}$$

Zur Bestimmung der eingesetzten Gewichte $b_{k,i,j}$ wird das KNN mit Daten aus der statistischen Versuchsplanung trainiert. Für das Trainieren stehen verschiedenen Algorithmen zur Verfügung, z.b. Fehlerrückführung (Backpropagation) und Bayessche-Regulierung (Bayesian Regularization) [92].

Ein alternatives KNN, das in Kapitel 5 für die Optimierung eingesetzt wird, ist die Radiale Basisfunktionen (RBF). Im Gegensatz zu dem oben betrachteten Netz wird eine radiale Basisfunktion, z.b. Gauß-Funktion, Reziprok-Multiquadratische-Funktion und Multiquadratische-Funktion [43], als Aktivierungsfunktion eingesetzt. Die Variable der RB-Funktion ist der Abstand eines Eingangsvektors x_i von einem Zentrum c_j der RB-Funktion $\|x_i - c_j\|$.

Mit den künstlichen neuronalen Netzen können die komplexen nichtlinearen Systemverhalten mit hoher Qualität identifiziert werden. Ein großer Nachteil des KNNs besteht in der sehr hohen Anzahl benötigter Trainings- und Validierungsdaten.

2.5.4 Modellbasierte Sollwert-Optimierung

Die in den Führungsgrößen-Kennfeldern gespeicherten Sollwerte der Stellgrößen werden mit den vorhandenen statistischen Systemmodellen beim Einsatz von entsprechenden Optimierungsverfahren generiert. Die Aufgabe der Optimierung besteht darin, die Eingangsgrößen eines Systems derart zu berechnen, dass unter Berücksichtigung von Beschränkungen die definierte Zielfunktion zu einem Optimum gebracht wird. Eine allgemeine Formulierung der beschränkten Optimierungsprobleme erfolgt wie folgt [23]:

$$\min_{x \in \mathbb{R}^n} \quad f(x)$$
$$\text{u.B.v.} \quad g_i(x) = 0, \quad i = 1, \ldots, p \qquad \text{Gl. 2.32}$$
$$h_i(x) \leq 0, \quad i = 1, \ldots, q$$

Die Zielfunktion $f(x)$ wird unter Berücksichtigung der Gleichungsbeschränkungen $g_i(x)$ und der Ungleichungsbeschränkungen $h_i(x)$ minimiert, bei dem die Optimierungsgrößen x des n-dimensionalen Euklidischen Raumes $\mathbb{R}^n$ sind.

Zur Lösung des nichtlinearen Optimierungsproblems (Gl. 2.32) stehen unterschiedliche Algorithmen zur Verfügung. In der vorliegenden Arbeit wird für Sollwert-Optimierung der Stellgrößen des Motors die Sequentielle Quadratische Programmierung (SQP-Verfahren) verwendet, die zu den effizienten Methoden

gehört. Bei dem SQP-Verfahren wird das am Iterationspunkt x^k linearisierte
Problem in jedem Schritt k betrachtet:

$$\min_{s\in\mathbb{R}^n} \quad \frac{1}{2}s^T\mathbf{H}^k s + \nabla f(x^k)^T s$$

$$\text{u.B.v.} \quad \nabla g_i(x^k)^T s + g_i(x^k) = 0, \quad i = 1,\ldots,p \qquad \text{Gl. 2.33}$$

$$\nabla h_i(x^k)^T s + h_i(x^k) \leq 0, \quad i = 1,\ldots,q$$

Dabei stellt $\mathbf{H}^k$ eine Approximation der Hesse-Matrix* der Zielfunktion f am
Punkt x^k dar. Dieses Problem kann mit den QP-Verfahren, z.b. Active-Set-
Strategie, Projizierte-Gradienten-Verfahren und Interior-Point-Verfahren [94],
gelöst werden. Der neuer Iterationspunkt ergibt sich dabei zu $x^{k+1} = x^k + \alpha^k s^k$,
wobei s^k die Lösung von Gl. 2.33 darstellt. Bei der Wahl der Schrittweite
α^k muss ein hinreichender Abstieg in der Zielfunktion $f(x^k + \alpha^k s^k) < f(x^k)$
unter Einhaltung der Beschränkungen von $g_i(x)$ und $h_i(x)$ gewährleistet werden.
Für detaillierte Informationen über das SQP-Verfahren und die Methode zur
Bestimmung der Schrittweite α^k sei auf [23] verwiesen.

Zu den weiteren Algorithmen zur Lösung der Optimierungsprobleme zählt
das *Simplex-Verfahren* nach Nelder und Mead [58]. Ein Simplex ist ein geo-
metrisches Gebilde im n-dimensionalen Raum mit n+1 Punkten. Das Berech-
nungsergebnis der Zielfunktion an jedem der (n+1)-Punkte wird ausgewertet.
Der beste Punkt wird iterativ bis zu einem Anhalten oder Abbrechen des
Optimierungsalgorithmus gesucht und als Ergebnis ausgegeben. Der *Levenberg-
Marquardt-Algorithmus (LM)* [59] verwendet zur Optimierung die erste und
teilweise die zweite Ableitung der Zielfunktion. Bei diesem Algrithmus wird
eine Kombination des Gauß-Newton-Verfahrens mit einer Regularisierung,
die $f(x^{k+1}) < f(x^k)$ erzwingt, eingesetzt. Das *BFGS-Quasi-Newton-Verfahren
(Broyden-Fletcher-Goldfarb-Shanno)* ist ein Quasi-Newton-Verfahren, das die
Hesse-Matrix näherungsweise berechnet. Im Vergleich zu dem LM-Verfahren
bzw. den anderen Newton-Verfahren weist das BFGS höhere Rechengeschwindigkeit auf. Ein Vergleich zwischen den Algorithmen bezüglich Robustheit und
Rechenaufwand wird auf [91] hingewiesen.

---

*Als Hesse-Matrix wird die 2. partielle Ableitung von $f(x)$ an der Stelle $x = [x_1,\ldots,x_n]^T$
bezeichnet.

Bei der Optimierung unterscheidet sich die lokale und die globale Optimierung. Während bei der lokalen Optimierung die Stützstellen der Kennfelder separat betrachtet werden, werden die optimalen Einstellungen der Stellgrößen für mehrere Betriebspunkte bei der globalen Optimierung gleichzeitig ermittelt.

2.5.5 Softwaretools

Für DoE-Design, statistische Modellbildung und Optimierungsaufgaben stehen heutzutage verschiedene kommerzielle Tools zur Verfügung. Im Einsatz sind dabei Model-Based Calibration Toolbox von MathWorks [93], ASCMO von ETAS [46], CAMEO von AVL [11], Easy DoE ToolSuite von IAV [7] und TOPexpert Suite [77]. Darüber hinaus verfügt GT-Suite auch über integriertes DoE- und Optimierungspaket.

3 Modellierung und Simulation

In diesem Kapitel werden die Modellierungen einzelner Subsysteme des virtuellen Gesamtfahrzeugs und ihrer möglichen Modellkopplungen vorgestellt. Um die Auswirkung von WHR-System auf den Kraftstoffverbrauch und Emissionen von dem Fahrzeug zu untersuchen, müssen alle relevante Wärmequellen und Wärmesenken abgebildet werden. Da der Verbrennungsmotor die Wärmequelle für das WHR-System ist und gleichzeitig den größten Wärmeeintrag in das Kühlsystem bereitstellt, wird zunächst die Modellierung des Motors mit besonderer Berücksichtigung der Wärmefreisetzung in dem Brennraum erläutert. Aus Sicht der Abgasrestwärmenutzung steht das Abgasturboaufladungssystem in Konkurrenz mit einem WHR-System. Verschiedene Abgasturbolader haben unterschiedliche Auswirkungen auf das Motorverhalten, z.B. Motorleistung, Ladungswechselverluste und AGR-Rate usw. Deshalb werden als nächstes drei Type von Turboladern betrachtet und mit einer Skalierungsmethode Modelliert. Ein Kühlsystemmodell steht für die Beurteilung der Auswirkung der Wärmesenke auf den Verbrennungsmotor mit dem integrierten WHR-System zur Verfügung. Mit dem Kühlsystemmodell werden die Kühlungspotentiale für Kondensationswärmeabfuhr berechnet. Anschließend wird die Abbildung eines virtuellen WHR-Systems vorgestellt. Das Kapitel schließt mit der Darstellung der Fahrzyklussimulation mit dem zuvor erstellten Motormodell ohne Berücksichtigung von Einsatz des WHR-Systems.

In Abbildung 3.1 wird ein Überblick über die Modellkopplung gegeben. Das Gesamtfahrzeugmodell dient hauptsächlich zur Berechnung des Potenzials der Kraftstoffeinsparung unter Berücksichtigung von den limitierten Emissionen. Bei der Simulation für die stationären Betriebspunkten werden die Motordrehzahlen und -lasten eindeutig definiert. Mit Vorgabe der Motordrehzahl und -last können die Wärmefreisetzung im Verbrennungsmotor betriebspunktabhängig mit dem Motormodell berechnet. Die mit dem Motormodell berechneten Motorabwärme wird bei dem Kühlkreislaufmodell vorgegeben. Mit dem Kühlkreislaufmodell kann die maximal zulässige WHR-Kondensationswärmeabfuhr ins Kühlsystem (Kühlungspotential), je nach dem Integrationskonzept für den WHR-Kondensator, bestimmt werden. Die aus der Berechnung des Kühlungs-

K. Yang, *Simulative Untersuchung zur Effizienzsteigerung des Nutzfahrzeugantriebs mittels eines auf Rankine-Prozess basierenden Restwärmenutzungssystems*, Wissenschaftliche Reihe Fahrzeugtechnik Universität Stuttgart, https://doi.org/10.1007/978-3-658-43655-1_3

potentials resultierenden Kühlmitteltemperaturen- und -massenströme am Eintritt des Kondensators werden als Randbedingungen bei der Simulation mit dem Standalone-Modell des WHR-Systems* eingesetzt. Bei einer Simulation mit gekoppelten Modellen , z.b. Verbrennungsmotor mit dem integrierten WHR-System, werden die Wechselwirkungen zwischen den Subsystemen berücksichtigt. Wird die Untersuchung in Bezug auf einen Fahrzyklus, z.b. WHVC-Zyklus, durchgeführt, wird das Fahrzeug-Längsdynamikmodell benötigt, um die Motordrehzahl und -lastanforderungen über das Fahrprofil hinweg als Randbedingungen zu erzeugen.

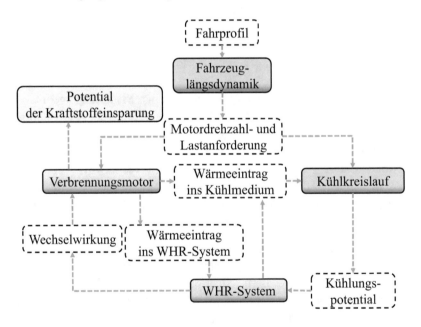

Abbildung 3.1: Modellarchitektur des Gesamtsystems

In der Literatur, z.B. [38], [39], werden bei den Untersuchungen der Restwärmenutzungstechnologie noch die Abgasnachbehandlungen berücksichtigt. Durch Enthitzung der Abgase in einem Wärmeaustauscher, z.B. die thermoelektrischen

---

*Unter Stand-alone Modell wird hier ein Systemmodell verstanden, das ohne Kopplung mit anderen Modellen eigenständig durchlaufen kann.

Module im TEG-WHR-System und der AGT-Verdampfer im Rankine-WHR-System, wird die Abgastemperatur am Ausgang des WHR-Systems reduziert. Wird das WHR-System vor dem Abgasnachbehandlungssystem angebracht, werden die Oxidation am Oxidationskatalysator, die Regeneration des Partikel-filters, die Speicherfähigkeit des NOx-Speicherkatalysators und die chemischen Reaktionen am SCR-Katalysator (engl. Selective Catalytic Reduction), je nach den Arten und Anordnungen der Katalysatoren, beeinträchtigt. Um die gesetzlichen Anforderungen an den Emissionen zu erfüllen, sollen die Funktionen des Abgasnachbehandlungssystems beim Einsatz von einem WHR-System möglichst gering beeinflusst werden. Deshalb soll das WHR-System nach dem Abgasnachbehandlungssystem platziert werden. Das Wärmeangebot für das WHR-System senkt gleichzeitig aufgrund der Wärmeverluste über die Länge der Abgasanlage hinweg ab. Die Modellierung der Abgasanlage ist aufgrund ihrer Komplexität eine schwierige Aufgabe und erfordert die Messdaten, um die Ergebnisse zu validieren bzw. plausibilisieren. Im Rahmen des Projekts stehen allerdings keine Informationen über das Abgasnachbehandlungssystem zur Verfügung. Deshalb wird die Abgasanlage in der vorliegenden Arbeit nicht betrachtet.

3.1 0D/1D-Motorsimulation

Bei den Untersuchungen wird ein serienmäßiger turboaufgeladener 6-Zylinder-Reihenmotor von einem deutschen Nutzfahrzeughersteller als Versuchsträger verwendet, der hauptsächlich zum Antrieb von einem 40-Tonnen-Lkw für den Fernverkehr zum Einsatz kommt. Der Motor erfüllt die Anforderungen der Abgasnorm Euro-VI. Die wichtigsten technischen Daten des Versuchsaggregats sind in Tabelle 3.1 aufgelistet.

Ein wesentliches Merkmal des eingesetzten Motors ist die zweistufige Abgasturboaufladung mit Bypassregelung (Waste-Gate Ventil) bei der Hochdruckturbine. Bei diesem Aufladekonzept erfolgt der Druckaufbau der Frischluft mit zwei in Reihe geschalteten Turboladern. Es ermöglicht ein hohes Maß an Abgasrückführungsrate. In Kombination mit der wassergekühlten Hochdruck-Abgasrückführung wird die NO_x-Rohemission stark reduziert. Bei

der Hochdruckstufe wird ein Twin-Scroll-Turbolader eingesetzt, welcher über
ein zweiflutiges Turbinengehäuse verfügt. In Verbindung mit dem zweiflutigen
Abgskrümmer wird die Abgase auf das Turbinenlaufrad getrennt zugeführt.
Damit wird eine gegenseitige ungünstige Beeinflussung der einzelnen Zylinder
beim Ladungswechsel vermindert. Im Abgaskrümmer werden die Abgaskanäle
von jeweils drei Zylindern zu einem Strang zusammengefasst. Die Abgase
der Abgasrückführung werden aus jedem Strang entnommen und getrennt mit
dem zugeordneten AGR-Ventil geregelt. Im Auslassbehälter des AGR-Kühlers
werden die Abgase wieder zusammengeführt. Um die Druckpulsation für die
AGR-Generierung auszunutzen, werden Flatterventile im Auslassbehälter des
AGR-Kühlers zusätzlich eingebaut.

Tabelle 3.1: Technische Daten des Versuchsaggregats

Bezeichnung	Einheit	
Zylinderzahl / -anordnung	-	6/Reihe
Hubvolumen	cm^3	12419
Bohrung/Hub	mm	126/166
geom. Verdichtungsverhältnis	-	17,4 : 1
Nennleistung	kW	354@1900
max. Drehmoment	Nm	2307
Einspritzung	-	Common Rail System
max. Einspritzdruck	bar	1800
Aufladekonzept	-	zweistufige Abgasturboaufladung mit WG
AGR-Strategie	-	wassergekühlte Hochdruck-Abgasrückführung

Der Versuchsträger wird am Motorprüfstand sowohl stationär mit einer Kennfeldrasterung als auch transient mit dem in Abschnitt 2.1.6 vorgestellten Prüfzy-
klus ETC gemessen. Die Messungen wurden ohne Abgasnachbehandlungssystem durchgeführt. Der Abgasgegendruck in Abgasnachbehandlungssystem wird
mit einer hinter der Niederdruckturbine angeordneten Abgasklappe nachgebildet. Die Prüfstandsversuche dienen zum einen der Aufstellung und Abstimmung
des Motormodells. Zum anderen werden die Simulationsergebnisse mit den
Messdaten aus den Prüfstandsversuchen validiert.

In Abbildung 3.2 ist der Messstellenplan des Versuchträgers am Motorprüfstand schematisch dargestellt.

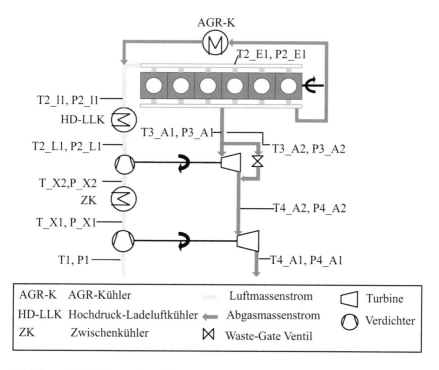

AGR-K	AGR-Kühler	Luftmassenstrom		Turbine
HD-LLK	Hochdruck-Ladeluftkühler	Abgasmassenstrom		Verdichter
ZK	Zwischenkühler	Waste-Gate Ventil		

Abbildung 3.2: Messstellenplan des Versuchträgers am Motorprüfstand

3.1.1 Luft-/Kraftstoffpfad

Die Modellierung des Luft-/Kraftstoffpfads erfolgt mit dem in Abschnitt 2.4 vorgestellten Finite-Volumen-Verfahren in dem Programmsystem GT-Power. Die Geometrie der Luftstrecke wird in den kleinen Rohrstücken und Rohrabzweigungen, die ein Teilvolumen oder eine Gruppe von Volumina der Luft darstellen, diskretisiert. Die Abgasturbolader werden mit den Kennfeldern, die im folgenden Abschnitt mit einer Skalierungsmethode erzeugt werden, nulldimensional modelliert. Der Hochdruck-Ladeluftkühler und der Zwischenkühler nach dem Niederdruck-Verdichter werden vereinfacht als Rohrstücke aufgebaut. Die Druckverluste werden mit einer von der Software zur Verfügung gestellten Verstellgröße, sog. Druckverlust-Multiplier, kalibriert. Die Lufttemperatur am Austritt des Ladeluftkühlers wird mit Gl. 3.1 berechnet.

$$T_{L,a} = T_{L,e} - \eta_K \cdot (T_{L,e} - T_{KM,e})$$ Gl. 3.1

Der dabei benötige Wirkungsgrad des Kühlers wird mit Messdaten bestimmt. Diese Methode der Modellierung wird auch bei dem AGR-Kühler eingesetzt. Der Unterschied liegt nur darin, dass der AGR-Kühler unter Berücksichtigung seiner Geometrie in mehreren Rohrstücken diskretisiert wird. Die Modellierung der Zylinder einschließlich des Brennraums erfolgt mit dem von FKFS entwickelten Zylindermodul *FkfsUserCylinder* [20],[25],[26]. Die Abbildung des Einspritzverlaufs spielt eine zentrale Rolle bei der Modellierung des Kraftstoffpfads. Der Einspritzverlauf beschreibt den zeitlichen Verlauf des Kraftstoffmassenstroms, der während der Einspritzdauer in den Brennraum eingespritzt wird. Der Versuchsmotor verfügt über ein Common-Rail-System für Kraftstoffeinspritzung. Durch Entkopplung von Druckerzeugung und Einspritzung mit Hilfe von einem Speichervolumen bietet das Common-Rail-System die Flexibilität bei der Gestaltung des Einspritzdrucks und der Einspritzzeitpunkte an, was eine Mehrfacheinspritzung ermöglicht. In Abbildung 3.3 wird die Einspritzverlaufsformung einer dreifachen Einspritzung vereinfacht dargestellt.

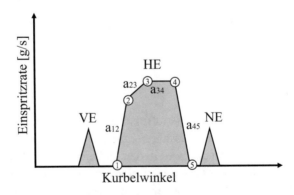

Abbildung 3.3: Schematische Darstellung der Einspritzverlaufsformung

Die Modellierung des Einspritzverlaufs wird in dieser Arbeit mit der in [5] vorgestellten Methode, die als ein integriertes Injektormodul (FKFS-Injektor) in FKFS-Userzylinder eingebettet wird, durchgeführt. Die Methode beruht auf einen empirischen Ansatz. Ein Referenzbetriebspunkt mit bekannter Einspritzverlaufsformung wird mit Sorgfalt ausgewählt und dient als die Basis für Ableiten der Einspritzverläufe von den anderen Betriebspunkten. Ist die Einspritzverlaufsformung des Referenzbetriebspunktes nicht vorhanden, können die Modellierung von den im FKFS-Injektor hinterlegten Daten ausgehen [20]. Vor allem wird der Einspritzverlauf der Haupteinspritzung betrachtet. Der Einspritverlauf ist mit fünf Eckpunkten in vier Polygonzüge unterteilt, wie es in Abbildung 3.3 gezeigt wird. Die Steigung des jeweiligen Polygonzugs wird in Bezug auf den Einspritzdruck skaliert. Die Einspritzraten an den Punkten 2 und 3 lassen sich ebenfalls in Bezug auf den Einspritzdruck berechnen. Unter Einbeziehung der Einspritzdauer wird die Einspritzverlaufsformung geometrisch bestimmt. Bei der Vor- und Nacheinspritzung wird die gleiche Skalierungsmethode verwendet. Falls die Steigungen der Polygonzüge nicht bekannt sind, werden die Steigungen der Haupteinspritzung bei den beiden Einspritzungen vorgegeben.

Für die Luftpfadregelung wird der Ladedruck als Führungsgröße verwendet. Der Frischluftmassenstrom wird für die AGR-Ventil-Regelung als Führungsgröße eingesetzt. Bei der Simulation mit den geänderten Lastanforderungen, die abweichend von den Messdaten sind, wird eine Regelung der Kraftstoffmenge mit dem Motordrehmoment als Zielgröße verwendet. In Abbildung 3.4 ist das Luft- und Kraftstoffpfadmodell in GT-Power dargestellt.

Des Weiteren muss eine besondere Aufmerksamkeit auf die Motorreibung bei der Modellierung des Luft- und Kraftstoffpfads gerichtet sein, da die Messungen für den indizierten Mitteldruck fehlerbehaftet sind. Es wird von dem Thermoschock bei der Brennraumdruckerfassung hervorgerufen. Die Temperatur der Sensormembran des Indizierungssystems steigt durch die Verbrennung rasant an und die Sensormembran verspannt sich. Somit wird eine offsetbehaftete Messung für den indizierten Mitteldruck aufgenommen. Der Fehler liegt im Frequenzbereich des Nutzsignals und kann deshalb nicht ausgefiltert werden [42]. Die Berechnung des Reibmitteldrucks mit dem indizierten Mitteldruck unter Abzug von dem effektiven Mitteldruck ist nicht möglich. Daher muss die Motorreibung mit einer alternativen Methode bestimmt werden.

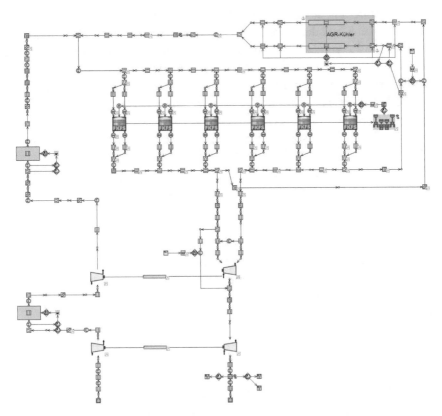

Abbildung 3.4: Darstellung des Luft-/Kraftstoffpads in GT-Power

Die Berechnung der Reibungsleistung kann durch Einsatz unterschiedlicher Ansätze zur Modellierung der Reibung, z.b. Chen-Flynn-Modell [13], Schwarzmeier-Modell [52], Fischer-Modell [19] usw., durchgeführt werden. Das Fischer-Modell orientiert sich ursprünglich an der Berechnung der Reibungsleistung von einem Ottomotor. Mit angepasster Korrelation kann das Modell auch die Reibungsleistung des Dieselmotors mit hoher Qualität abbilden. Der Vorteil des Fischer-Modells besteht darin, dass es die Reibungsverluste einzelner Bauteilgruppe detailliert modelliert und die Einflüsse von den Kühlmedien, also Kühlwasser und Motoröl, auf Reibungsleistung berücksichtigt. In der vorliegenden

Arbeit wird das Fischer-Modell als Ansatz zur Modellierung der Motorreibung
gewählt.

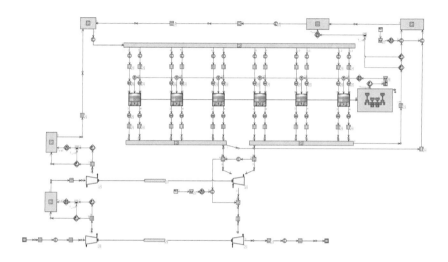

Abbildung 3.5: Darstellung des schnelllaufenden Modells (FRM) in GT-Power

Das Luft- und Kraftstoffpfadmodell wird zudem in ein vereinfachtes schnell-
laufendes Modell (FRM) umgebaut, wie in Abschnitt 2.4 erläutert, um die
Rechendauer zu verkürzen. Das FRM-Modell findet Anwendung auf die DoE-
Berechnung für die Optimierung des integrierten Systems von Motor und
WHR-System in Kapitel 5. In Abbildung 3.5 ist das FRM-Modell in GT-Power
dargestellt.

3.1.2 Virtuelles Abgasturboladermodell

Die Abgasturbolader werden im Rahmen der 0D/1D-Motorprozesssimulation
durch Einsatz von Kennfeldern abgebildet. Die Kennfelder werden üblicherweise von den Turboladerherstellern am Heißgasprüfstand vermessen und dem
Anwender zur Verfügung gestellt. In dem vorliegenden Projekt steht allerdings
eine Messung nicht zur Verfügung. Daher werden die Kennfelder mit folgender
Methode erzeugt.

In den vergangenen Jahren hatte FKFS eine interne Methode zur Skalierung verschiedener Typen von Abgasturboladern, z.B. Abgasturbolader mit Waste-Gate-Ventil und VTG-Lader, unter Berücksichtigung ihrer Anwendung für Otto- oder Dieselmotor, entwickelt. Die als Skalierungsreferenz dienenden Basiskennfelder von Verdichtern und Turbinen werden aus den veröffentlichten Turboladerkennfeldern ([51], [76], [96]) abgeleitet. Es gilt hierbei für Verdichter und Turbine zwecks Fahrzeuganwendung und geht ausschließlich um Radialverdichter und -turbine.

Die Basiskennfelder richten sich nach SAE Standard J1826 [2]. Bei den Verdichterkennfeldern werden die mit dem Referenzzustand korrigierten Verdichterdrehzahlen Gl. 3.3 und Luftmassenströme Gl. 3.2 verwendet. Nach [2] werden die Total-Referenztemperatur $T_{Ref} = 298\,\mathrm{K}$ und Total-Referenzdruck $p_{Ref} = 1\,\mathrm{bar}$ eingesetzt.

$$n_{V,Korr} = n_V \sqrt{\frac{T_{Ref}}{T_{1t}}} \qquad\qquad \text{Gl. 3.2}$$

$$\dot{m}_{V,Korr} = \dot{m}_V \frac{p_{Ref}}{p_{1t}} \sqrt{\frac{T_{1t}}{T_{Ref}}} \qquad\qquad \text{Gl. 3.3}$$

Die Lufttemperatur T_{1t} und Luftdruck p_{1t} am Eintritt des Verdichters werden am Heißgasprüfstand betriebspunktabhängig nach Richtlinie in [2] gemessen. Ein Verdichterkennfeld enthält noch weitere Kenngrößen von Verdichterdruckverhältnis Gl. 3.4 und insentropem Verdichterwirkungsgrad Gl. 3.5:

$$\Pi_V = \frac{p_{2t}}{p_{1t}} \qquad\qquad \text{Gl. 3.4}$$

$$\eta_V = \frac{h_{2t,is} - h_{1t}}{h_{2t} - h_{1t}} \qquad\qquad \text{Gl. 3.5}$$

Beim Auftragen von dem Wirkungsgrad, der korrigierten Drehzahl und dem Druckverhältnis über dem korrigierten Massenstrom wird ein Verdichterkennfeld erhalten. In Abbildung 3.6 ist das Basiskennfeld des Verdichters nach SAE Standard J1826 dargestellt.

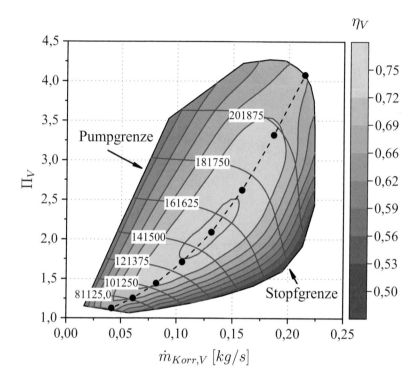

Abbildung 3.6: Basiskennfeld des Verdichters nach SAE Standard J1826

Die Betriebspunkte mit dem Wirkungsgradoptimum auf jede Drehzhallinie werden in Abbildung 3.6 mit einer gestrichelten Linie, die als Optimalparabel bezeichnet wird, verbunden. Diese Linie teilt das Verdichterkeld in eine linke und rechte Hälfte, deren Massenstöme zum Erreichen optimaler Strömungsbedinggungen entweder zu gering oder zu groß sind. Das Verdichterkennfeld wird durch die Pumpegrenze und die Stopfgrenze begrenzt. Ein stabiler Betrieb des Verdichters findet nur innerhalb der Grenzen statt.

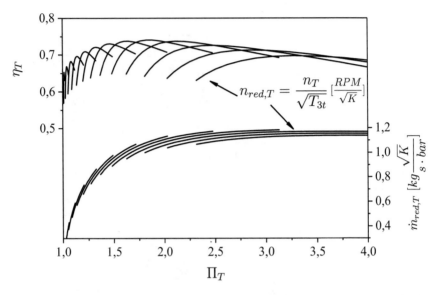

Abbildung 3.7: Basiskennfeld der Turbine am Beispiel von Abgasturbolader mit WG-Ventil

Zur Darstellung des Strömungsverhaltens in der Turbine werden der reduzierte Massenstrom Gl. 3.6, die reduzierte Turbinendrehzahl Gl. 3.7, das total-zu-statische Turbinendruckverhältnis Gl. 3.8 und der total-zu-statische Turbinenwirkungsgrad Gl. 3.9 herangezogen.

$$\dot{m}_{T,red} = \dot{m}_T \, \frac{\sqrt{T_{3t}}}{p_{3t}} \qquad \text{Gl. 3.6}$$

$$n_{T,red} = \frac{n_T}{\sqrt{T_{3t}}} \qquad \text{Gl. 3.7}$$

$$\Pi_T = \frac{p_{3t}}{p_{4s}} \qquad \text{Gl. 3.8}$$

$$\eta_T = \frac{h_{3t} - h_{4t}}{h_{3t} - h_{4s,is}} \qquad \text{Gl. 3.9}$$

Das Basiskennfeld der Abgasturbine ist am Beispiel von Abgasturbolader mit Waste-Gate-Ventil in Abbildung 3.7 dargestellt. Die Abbildung oben hat den

Turbinenwirkungsgrad und die Abbildung unten den reduzierte Massenstrom in Bezug auf das Turbinendruckverhältnis gezeigt.

Die FKFS interne Skalierungsmethode setzt, ausgehend von den Gesetzen der geometrischen Ähnlichkeit, für geometrische und physikalische Größen von Turboladern den Skalierungsfaktoren in Abhängigkeit von Raddurchmessern an [†]:

$$\mathbf{g} = \mathbf{L}_i^{e_j}(D_{V/T}) \times \mathbf{g}_{Basis} \qquad \text{Gl. 3.10}$$

mit $\quad \mathbf{g}^T = [\dot{m}_{V/T}, \, n_{V/T}, \, \eta_{V/T,is}, \, J_{ATL}, \, M_{V/T,Reib}, \dots]$

$i^T = [1, 2, 3, \dots]$

$j^T = [1, 2, 3, \dots]$

Der Raddurchmesser, sofern nicht anderweitig angegeben, bezieht sich bei dem Verdichter auf die Auslassseite und bei der Turbine auf Einlassseite, vgl. Abbildung 3.8. Als Plausibilitätsprüfung werden einige Abgasturbolader, bei denen die Kennfelder und Daten in den Veröffentlichungen zur Verfügung stehen, mit der FKFS-Methode skaliert nachgebildet. Die Ergebnisse werden als sehr gut beurteilt.

Sind die Verdichter- und Turbinenraddurchmesser bekannt, können die FKFS-Skalierungsmethode zur Erzeugung von Kennfeldern direkt eingesetzt. In dem vorliegenden Projekt sind allerdings die Informationen über die verwendeten Turbolader nicht verfügbar. Eine weitere Maßnahme muss deshalb ergriffen werden, um die Verdichter- und Turbinenraddurchmesser festzulegen.

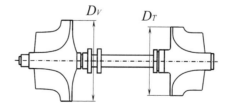

Abbildung 3.8: Schnittdarstellung von dem Rotor des Abgasturboladers

---

[†]Da es um eine interne Abstimmung der Faktoren geht, werden die genauen Werte von $\mathbf{L}_i^{e_j}(D_{V/T})$ in dieser Arbeit nicht gezeigt.

Bell hatte in [8], [9] mit Ähnlichkeitstheorie die Verdichter- un Turbinenkennfelder mit einigen dimensionslosen Kennzahlen dargestellt. Mit den dimensionslosen Kennzahlen werden die gesuchten Raddurchmesser berechnet. Im folgenden werden die Verdichter- und Turbinenraddurchmesser in Anlehnung an [8] im Hinblick auf die Anpassung der Turboladerkennfelder an dem Motormodell bestimmt.

Zunächst wird der Verdichter betrachtet. Ausgangspunkt der Methode von Bell ist die Umstellung der Definition der korrigierten Verdichterdrehzahl und korrigiertem Massenstrom nach SAE auf die nach Heywood [32]:

$$n_{V,Korr,Heywood} = \frac{n_V}{\sqrt{T_{1t}}} \qquad \text{Gl. 3.11}$$

$$\dot{m}_{V,Korr,Heywood} = \frac{\dot{m}_V \sqrt{T_1 t}}{p_{1t}} \qquad \text{Gl. 3.12}$$

Die Abbildung 3.9 hat das Basiskennfeld mit den neu definierten $\dot{m}_{V,Korr,Heywood}$ gezeigt. Die $n_{V,Korr,Heywood}$ und $\dot{m}_{V,Korr,Heywood}$ sind an dieser Stelle dimensionsbehaftet und beziehen sich auf einen spezifischen Verdichter, d.h. der virtuelle FKFS-Verdichter mit dem Basiskennfeld. Eine dimensionslose Durchflusszahl ϕ_V, die sich auf die spezifische Gaskonstante R und den Raddurchmesser D_V bezieht, wird zur Charakterisierung der Strömungdurchsätze in dem Verdichter mit Gl. 3.13 eingeführt.

$$\phi_V = \dot{m}_{V,Korr,Heywood} \cdot \frac{\sqrt{R}}{D_{V,Basis}^2} \qquad \text{Gl. 3.13}$$

Die Verdichterdrehzahl kann anschließend mit Gl. 3.14 entdimensioniert werden.

$$c_{V,Korr} = \left(\frac{2 \cdot \Pi_V}{60}\right) \cdot n_{V,Korr,Heywood} \cdot \frac{D_V}{\sqrt{\kappa \cdot R}} \qquad \text{Gl. 3.14}$$

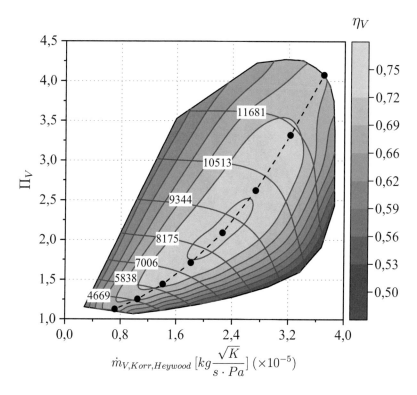

Abbildung 3.9: Verdichterkennfeld mit Kenngrößen nach Heywood [32]

Hierbei ist κ der Isentropenexponent. Die Kennzahl $c_{V,Korr}$ stellt wesentlich die Machzahl dar, die als das Verhältnis der Umfangsgeschwindigkeit der Schaufelspitze des Laufrades und der Schallgeschwindigkeit am Laufradeintritt definiert wird. Das Verdichterkennfeld in Abbildung 3.9 kann nun mit den dimensionslosen Kennzahlen entsprechend auf die Darstellung in Abbildung 3.10 umgestellt werden.

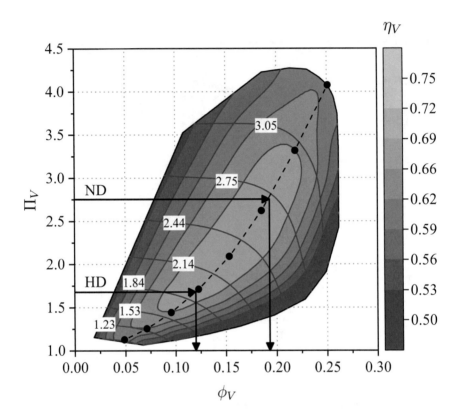

Abbildung 3.10: Umwandlung des Basiskennfelds in ein dimensionsloses Verdichterkennfeld mit Durchflusskennzahl ϕ_V und Drehzahl-
kennzahl $c_{V,Korr}$

Das Kennfeld in Abbildung 3.10 repräsentiert nun das Verhalten einer Reihe
von Verdichtern, die über gleiche Trimm, A/R-Verhältnis, Schaufelführung und
–anzahl verfügen und unterschiedliche Radgrößen besitzen[*]. Sind zwei von den
drei Kenngrößen, $\Pi_{V,soll}$, ϕ_V und η_V, bekannt, kann die dritte aus dem Kennfeld
in Abbildung 3.10 entnommen werden.

Anschließend wird der Vorgang für Bestimmung des Raddurchmessers des
Verdichters vorgestellt. Bei einem gegebenen Motor wird der Kraftstoffmas-

---

[*]Die Definitionen der Kenngrößen können aus [51] und [70] entnommen werden.

senstrom $\dot{m}_B$, der zur Bereitstellung der geforderten effektiven Leistung P_e erforderlich sind, mit dem Heizwert des Kraftstoffs und dem definierten thermischen Wirkungsgrad des Motors berechnet:

$$\dot{m}_B = \frac{P_e}{H_u \cdot \eta_e} \qquad \text{Gl. 3.15}$$

Ist das Luft-Kraftstoff-Verhältnis λ bekannt, wird der zur Erfüllung der Leistungsanforderung benötigte Luftmassenstrom nach Gl. 3.16 berechnet.

$$\dot{m}_L = \dot{m}_V = \frac{P_e \cdot \lambda}{H_u \cdot \eta_e} \qquad \text{Gl. 3.16}$$

Der Ladedruck P_{LL} kann entsprechend mit dem berechneten Luftmassenstromm $\dot{m}_L$, Ladelufttemperatur nach Ladeluftkühler T_{LL}, Motorliefergrad λ_l, Motordrehzahl n_{mot}, Hubvolumen des Zylinders V_h und Zylinderanzahl z berechnet werden.

$$P_{LL} = \frac{120 \cdot \dot{m}_L \cdot R \cdot T_{LL}}{\lambda_l \cdot n_M \cdot V_h \cdot z} \qquad \text{Gl. 3.17}$$

Mit Berücksichtigung der Druckverluste in Volute (P_{Verl1}) und in Ladeluftkühler sowie Rohren nach dem Verdichter (P_{Verl2}) wird das Druckverhältnis $\Pi_{V,Soll}$ des Verdichters berechnet:

$$\Pi_{V,soll} = \frac{P_{2t}}{P_{1t}} = \frac{P_{LL} + P_{Verl2}}{P_{vV} - P_{Verl1}} \qquad \text{Gl. 3.18}$$

Die Gleichungen von Gl. 3.15 bis Gl. 3.18 werden in der Frühphase der Entwicklung verwendet. In dieser Arbeit liegen jedoch für die Größen Messdaten vor. Die Druckverluste werden mit dem Modell der Luftstrecke durch Vorgabe der gemessenen Luftmassenströme, -temperaturen und -drücke berechnet. Somit kann das Druckverhältnis in dem Verdichter $\Pi_{V,soll}$ mit Messdaten berechnet werden.

Der Raddurchmesser des Verdichters $D_{V,soll}$ wird mit Gl. 3.12 und Gl. 3.13 berechnet und ergibt sich aus:

$$D_{V,soll} = \sqrt{\frac{\dot{m}_V \cdot \sqrt{R \cdot T_{1t}}}{\phi_{soll} \cdot (P_{vV} - P_{Verl1})}} \qquad \text{Gl. 3.19}$$

An den Betriebspunkten der Motor-Vollastlinie werden die höchsten Anforderungen hinsichtlich der Verdichteraustrittstemperatur T_{2t}, der Turbineneintrittstemperatur T_{3t} und des Motorschluckvermögens gestellt. Aus diesem Grund müssen hohe Verdichterwirkungsgrade bei diesen Betriebspunkten erzielt werden. Unter der Annahme, dass die Betriebspunkte der Motor-Vollastlinie auf die Optimalparabel liegen sollen, werden die Durchflusszahl des jeweiligen Betriebspunktes auf x-Achse des Kennfelds in Abbildung 3.10 festgelegt.

Die berechneten Verdichterraddurchmesser für die Hochdruckstufe des untersuchten zweistufigen Abgasturboladers sind in Anlehnung an den Betriebspunkten der Motor-Vollstlinie von der Motordrehzahl 1000 (low-End-Torque Drehzahl) bis 2000 1/min in Tabelle 3.2 aufgelistet.

Tabelle 3.2: Bestimmung von Raddurchmesser des Hochdruck-Verdichters mit den Volllast-Betriebspunkten

n_{mot} [1/min]	$\dot{m}_V$ [kg/s]	ϕ_V [-]	Π_V [-]	$D_{V,soll}$ [mm]	*Auswahl*
1000	0,24	0,137	1,864	57,2	-
1100	0,26	0,134	1,829	58,6	-
1200	0,28	0,133	1,817	59,7	-
1300	0,30	0,121	1,694	62,1	-
1400	0,32	0,104	1,530	66	-
1500	0,34	0,091	1,418	70,9	✘
1600	0,35	0,082	1,347	75,3	-
1700	0,37	0,077	1,312	78,5	-
1800	0,39	0,074	1,283	81,9	-
1900	0,41	0,067	1,236	86,5	-
2000	0,43	0,075	1,296	87	-

Da die Aufgabe des Hochdruckverdichters die Leistungsanforderungen bei dem kleinen Luftdurchsatz zu erfüllen ist, wird der Raddurchmesser von einem Betriebspunkt im mittleren Drehzahlbereich, 1500 1/min, ausgewählt.

Die Berechnungsergebnisse für den Niederdruckverdichter werden in Tabelle 3.3 gezeigt. In Kombination mit dem Hochdruckverdichter leistet der Niederdruckverdichter im höheren Drehzahlbereich zum Ladedruckaufbau einen großen Beitrag und soll in diesem Bereich einen hohen Wirkungsgrad haben. Der größte Raddurchmesser bei 2000 1/min wird deshalb für den Niederdruckverdichter ausgewählt.

Tabelle 3.3: Bestimmung von Verdichter-Raddurchmesser zweistufiges Abgasturboladers an den Volllast-Betriebspunkten

n_{mot} [1/min]	$\dot{m}_V$ [kg/s]	ϕ_V [-]	Π_V [-]	$D_{V,soll}$ [mm]	Auswahl
1000	0,24	0,124	1,725	76,5	-
1100	0,26	0,135	1,849	76,7	-
1200	0,28	0,147	1,994	77,3	-
1300	0,30	0,159	2,145	76,7	-
1400	0,32	0,172	2,348	76	-
1500	0,34	0,181	2,516	76,8	-
1600	0,35	0,183	2,557	77,6	-
1700	0,37	0,188	2,640	78,9	-
1800	0,39	0,191	2,713	80,5	-
1900	0,41	0,197	2,848	81,7	-
2000	0,43	0,193	2,753	85	✖

Das erforderliche Drehmoment des Verdichters kann anschließend mit Gl. 3.20 berechnet werden:

$$M_{V,soll} = \frac{\dot{m}_L \cdot c_p \cdot T_{1t}}{\eta_V \cdot \omega_{ATL}} \cdot \left(\Pi_{soll}^{\frac{\kappa-1}{\kappa}} \right) \qquad \text{Gl. 3.20}$$

Bei der Turbine werden die gleichen dimensionslosen Kennzahlen eingeführt. Im Gegensatz zu dem Verdichter ist eine Umstellung der Korrektur von Drehzahl und Massenstrom nicht erforderlich, da die Definitionen für die reduzierte Drehzahl und den reduzierten Abgasmassenstrom nach SAE [2] mit denen nach Heywood [32] übereinstimmen. Die dimensionslosen Durchfluss- und die Drehzahlenkennzahl der Turbine werden mit Gl. 3.21 und Gl. 3.22 berechnet.

$$\phi_T = \dot{m}_{T,red} \cdot \frac{\sqrt{R}}{D_T^2} \qquad \text{Gl. 3.21}$$

$$c_{T,red} = \left(\frac{2 \cdot \pi}{60} \right) \cdot n_{T,red} \cdot \frac{D_T}{\sqrt{\kappa \cdot R}} \qquad \text{Gl. 3.22}$$

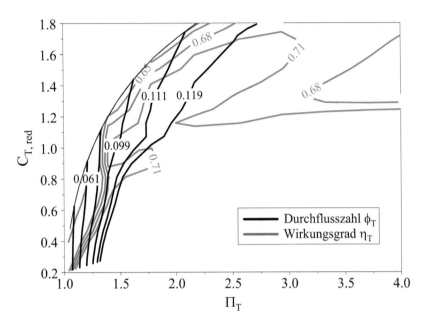

Abbildung 3.11: Schematische Darstellung des Basiskennfelds der Abgasturbine mit den dimensionslosen Kennzahlen $c_{T,red}$, ϕ_T, Π_T

In Abbildung 3.11 wird die dimensionslose Kennzahlen $c_{T,red}$, ϕ_T, η_T über das Druckverhältnis Π_T der Turbine aufgetragen. Die schwarzen Linien stellen die Verläufe der Durchflusszahlen ϕ_T dar und die Turbinenwirkungsgrade werden grau markiert.

Bei dem stationären Betrieb stehen das Drehmoment des Verdichters und das der Turbine im Gleichgewicht:

$$M_{V,soll} = M_{T,soll} \qquad \text{Gl. 3.23}$$

$$M_{T,soll} = \frac{\eta_T \cdot \dot{m}_T \cdot c_p \cdot T_{vT}}{\omega_{turbo}} \cdot \left(1 - \Pi_T^{-\frac{\kappa-1}{\kappa}}\right) \qquad \text{Gl. 3.24}$$

Unter Berücksichtigung des Luft-Kraftstoff-Verhältnisses λ wird der Abgasmassenstrom nach Gl. 3.25 berechnet.

$$\dot{m}_T = \dot{m}_L \cdot \left(1 + \frac{1}{\lambda}\right) \qquad \text{Gl. 3.25}$$

Die Durchflusszahl ϕ_T und der Wirungsgrad η_T der Turbine werden in Abhängigkeit von dem Druckverhältnis Π_T und Drehzahlkenzahl $c_{T,red}$ bestimmt:

$$\phi_T = f(\Pi_T, c_{T,red}) \qquad \text{Gl. 3.26}$$

$$\eta_T = f(\Pi_T, c_{T,red}) \qquad \text{Gl. 3.27}$$

Unter Verwendung der Gl. 3.6 und Gl. 3.7 lässt sich Gl. 3.21 und Gl. 3.22 schreiben in der Form:

$$\phi_T = \frac{\dot{m}_T \cdot \sqrt{R \cdot T_{vT}}}{P_{nT} \cdot D_T^2} \qquad \text{Gl. 3.28}$$

$$c_{T,red} = \frac{\omega_{turbo} \cdot D_T}{\sqrt{\kappa \cdot R \cdot T_{vT}}} \qquad \text{Gl. 3.29}$$

Gleich wie bei dem Verdichter kann der Raddurchmesser der Turbine unter Verwendung von Gl. 3.25 bis Gl. 3.29 entsprechend dem Betriebspunkt der Motor-Vollastlinie berechnet werden. Bei der Hochdruckturbine muss allerdings darauf geachtet werden, dass nicht jeder Betriebspunkt verwendbar ist. Bei den Betriebspunkten mit dem geöffneten Waste-Gate-Ventil strömt nur ein Teil des Abgasmassenstroms durch die Turbine. In diesem Fall führt die Berechnung mit dem gemessenen Gesamtmassenstrom $\dot{m}_T$ zu einem ungültigen Ergebnis.

In Abbildung 3.12 sind die Druckverhältnisse und Turbinenwirkungsgrade der Hochdruckturbnie bei den Volllast-Betriebspunkten über Motordrehzahl aufgetragen. Ab dem Betriebspunkt von 1200 1/min nimmt das mit Messdaten berechnete Druckverhältnis ab. Es ist auf das Öffnen des Waste-Gate-Ventil zurückzuführen. Die Bestimmung des Raddurchmessers der Hochdruckturbine erfolgt deshalb am Betriebspunkt mit 1200 1/min. Das Ergebnis der Berechnung beträgt 65 mm.

Da der Abgasmassenstrom bei der Niederdruckturbine nicht geregelt wird, findet die Bestimmung des Raddurchmessers am Betriebspunkt mit 2000 1/min statt. Das Ergebnis der Berechnung beträgt 80 mm. Folglich werden die abgestimmten Raddurchmesser von den Verdichtern und Turbinen bei der FKFS-Skalierungsmethode Gl. 3.10 eingesetzt. Damit werden die Kennfelder von dem zweistufigen Abgasturbolader aufgestellt und sind für die anschließende Motorprozessrechnung einsatzbereit.

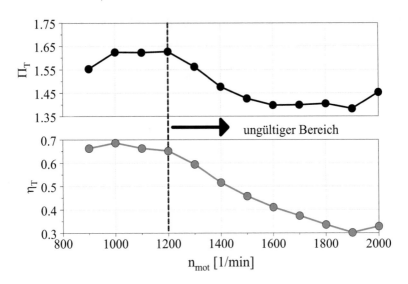

Abbildung 3.12: Druckverhältnis Gl. 3.8 und Turbinenwirkungsgrad Gl. 3.27
der Hochdruckturbine bei den Volllast-Betriebspunkten

Tabelle 3.4: Raddurchmesser des zweistufigen Abgasturboladers

	Verdichter [mm]	Turbine [mm]
Hochdruck-Stufe	70,9	65
Niederdruck-Stufe	85	80

3.1.3 Druckverlaufsanalyse und Verbrennungsmodell

Voraussetzung für Aufstellung bzw. Abstimmung eines Verbrennungsmodells
ist die Berechnung des Brennverlaufs. Dafür wird eine Analyse des gemessenen
Zylinderdruckverlaufs (Druckverlaufsanalyse, Abk. DVA) durchgeführt. Die
Grundlagen für die Druckverlaufsanalyse sind Anwendung des ersten Hauptsatzes der Thermodynamik, der thermischen Zustandsgleichung des Arbeitsgases
und der Massenerhaltung an dem System Brennraum. In Abbildung 3.13 wird

die um einen Brennraum gelegte Systemgrenze mit gestrichelter Linie dargestellt.

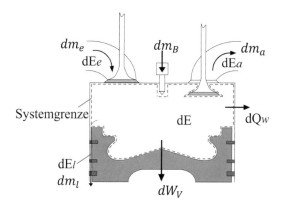

Abbildung 3.13: System Brennraum

Die Gleichung von dem ersten Hauptsatz der Thermodynamik für offenes
System Gl. 2.4 lässt sich für den Brennraum in Abbildung 3.13 nach Kurbel-
wellenwinkel φ in differenzieller Form wie folgt anschreiben:

$$\frac{dQ_B}{d\varphi} - \frac{dQ_W}{d\varphi} + \frac{dW_V}{d\varphi} = \frac{dE}{d\varphi} + \frac{dE_a}{d\varphi} + \frac{dE_l}{d\varphi} - \frac{dE_e}{d\varphi} \qquad \text{Gl. 3.30}$$

Der Term dE_a stellt den Energieinhalt der Masse dar, die durch Auslassventil
den Brennraum verlassen hat. Eine weitere von dem System ausströmende
Masse ist die über die Kolbenringe verlorengehende Leckagemasse. Die äu-
ßere Energie wird i.A. vernachlässigt, weil die potentielle und die kinetische
Energie gegenüber der inneren Energie klein sind [27]. Beim Einsetzen der
Volumenänderungsarbeit:

$$\frac{dW_V}{d\varphi} = -p \cdot \frac{dV}{d\varphi} \qquad \text{Gl. 3.31}$$

wird Gl. 3.30 in folgender Gleichung umgeformt:

$$\frac{dU}{d\varphi} = \frac{dQ_B}{d\varphi} - \frac{dQ_W}{d\varphi} - p\frac{dV}{d\varphi} + h_e\frac{dm_e}{d\varphi} - h_a\frac{dm_a}{d\varphi} - h_l\frac{dm_l}{d\varphi} \qquad \text{Gl. 3.32}$$

Der erste Term auf der rechten Seite von Gl. 3.32 ist der Brennverlauf, der in
der Hochdruckphase berechnet wird. Der zweite Term $\frac{dQ_W}{d\varphi}$ stellt die Wandwärmeströme dar, die mit den weit verbreiteten Wandwärmemodellen nach

Bargende [6], Woschni [102] oder Hohenberg [36] berechnet werden können. Die Volumenänderungsarbeit wird aus dem gemessenen Druckverlauf und der Volumenfunktion berechnet. Im Hochdruckprozess, wie in 2.1.1 erwähnt, bildet der Brennraum ein geschlossenes System. Die Terme $h_e \frac{dm_e}{d\varphi}$ und $h_a \frac{dm_a}{d\varphi}$ sind gleich Null, da in dieser Phase kein Gasaustausch im Zylinder stattfindet. Die Leckagemasse wird bei heutigen Verbrennungsmotoren häufig vernachlässigt, kann aber auch mit Erfahrungswerten abgeschätzt werden. Wird der Term für Brennverlauf auf der linken Seite gesetzt, erhält man die Gl. 3.32 in der Form:

$$\frac{dQ_B}{d\varphi} = \frac{dU}{d\varphi} + \frac{dQ_W}{d\varphi} + p\frac{dV}{d\varphi} + h_l\frac{dm_l}{d\varphi} \qquad \text{Gl. 3.33}$$

Die Berechnung des zeitlichen Verlaufs der inneren Energie ist abhängig von Druck, Temperatur und Luftverhältnis:

$$\frac{dU}{d\varphi} = m \cdot \frac{du}{d\varphi} + u \cdot \frac{dm}{d\varphi} \qquad \text{Gl. 3.34}$$

mit $u = f(p, T, \lambda)$
$\quad\ \ R = f(p, T, \lambda)$

und

$$\frac{du}{d\varphi} = \frac{\partial u}{\partial T} \cdot \frac{dT}{d\varphi} + \frac{\partial u}{\partial p} \cdot \frac{dp}{d\varphi} + \frac{\partial u}{\partial \lambda} \cdot \frac{d\lambda}{d\varphi} \qquad \text{Gl. 3.35}$$

Des Weiteren werden der Massenerhaltungssatz und der thermische Zustandsgleichung in differenzieller Form formuliert:

$$\frac{dm_Z}{d\varphi} = \frac{dm_l}{d\varphi} + \frac{dm_B}{d\varphi} \qquad \text{Gl. 3.36}$$

$$p\frac{dV}{d\varphi} + V\frac{dp}{d\varphi} = mR\frac{dT}{d\varphi} + mT\frac{dR}{d\varphi} + RT\frac{dm}{d\varphi} \qquad \text{Gl. 3.37}$$

Die Gleichungen von Gl. 3.33 bis Gl. 3.37 werden für 1-zonige-Rechnung, bei der das System Brennraum als eine einzige homogene Zone angenommen wird, direkt schrittweise gelöst. Für eine 2-zonig-Rechnung, bei der das System in eine kalte, unverbrannte und eine heiße verbrannte Zone unterteilt wird, stehen vier partielle Differentialgleichungen für vier Unbekannte, $\frac{dQ_B}{d\varphi}$, T_{uv}, T_v und $\frac{dV_{uv}}{d\varphi}$ zur Verfügung [20], [44].

Die Druckverlaufsanalyse ist für Untersuchung der innermotorischen Vorgänge bei den vorgegebenen Betriebspunkten mit den gemessenen Zylinderdruckverläufen geeignet. Wenn die Untersuchung zur Verbrennung bei den nicht gemessenen Betriebspunkten oder den geänderten Randbedingungen durchgeführt werden soll, muss der physikalische Vorgang im Brennraum durch die Simulation mit einem empirischen Modell oder phänomenologischen Modell berechnet werden. Im Gegensatz zu der Druckverlaufsanalyse wird ausgehend von dem modellierten Brennverlauf der Druck- und Temperaturverlauf während der Verbrennung und des Ladungswechsels errechnet.

Ein empirischer Ansatz, z.B. nach Vibe [98] oder Barba [5], bildet die Form des Brennverlaufs über mathematische Funktion ab. Dem Vorteil der kurzen Rechenzeit bei solchen Modellen steht der Nachteil gegenüber, dass sie nicht vorhersagefähig sind. Bei dem phänomenologischen Ansatz hingegen werden die physikalischen Zusammenhänge modelliert. Die Modelle sind viel komplexer und vorhersagefähig. Da bei den folgenden Untersuchungen in dieser Arbeit die Vorausberechnung der physikalischen Vorgänge im Brennraum zwingend verlangt wird, ist ausschließlich phänomenologisches Modell von Interesse.

Sowohl die DVA als auch die Abstimmung des phänomenologischen Modells werden mit *FkfsUserCylinder* durchgeführt. Bei der Abstimmung des phänomenologischen Modells wird das Modul von „QDM-Diesel", quasidimensionales Dieselmodell, verwendet. Um später ein Emissionsmodell zu integrieren, wird die zweizonige Modellierung eingesetzt. Der aus DVA berechnete Brennverlauf wird als Sollkurve dem Modell vorgegeben. Als weitere Eingangsgrößen für das QDM-Diesel dienen die von dem Luft- und Kraftstoffpfadmodell berechneten Zustandsgrößen im Saugrohr und der Einspritzverlauf, der in Abschnitt 3.1.1 vorgestellt wird. Der von dem quasidimensionalen Modell errechneten Brennverlauf wird mit dem aus DVA verglichen. Die Abweichungen werden iterativ reduziert. Dadurch wird für QDM-Diesel eine Gruppe von Parametern kalibriert, mit denen der Verbrennungsablauf charakterisiert wird. Die genaue Darstellung und Erläuterung für die Parameter können der Literatur [20], [83] entnommen werden. Um ein prädiktives Modell aufzustellen, wird ein in *FkfsUserCylinder* integriertes Tool „gemeinsame Optimierung" verwendet. Bei der gemeinsamen Optimierung wird bei mehreren Betriebspunken die Abweichung von den Brennverläufen aus DVA und QDM-Diesel durch eine automatische Anpassung der Parameter minimiert. Schließlich wird eine einzige Gruppe von Parametern erhalten. Das phänomenologische Modell ist somit für alle Betriebspunkte im Motorkennfeld verwendbar.

Das Zylindermodell wird noch mit Emissionsmodell ergänzt. Für die Modellierung der Emissionen, an dieser Stelle NOx- und Rußemissionen, stehen unterschiedliche Ansätze zur Verfügung. Zu den gebräuchlichen Ansätzen gehören Hiroyasu-Modell [33], [34], Hohlbaum-Modell [37] und Kožuch-Modell [44]. Kaal hat in [41] die verschiedenen Ansätze gegenübergestellt und das Kožuch-Modell weiter entwickelt. Der Vorteil von dem Kožch-Modell ist im Vergleich mit Hiroyasu-Modell und Hohlbaum-Modell, dass es rein phänomenologisch aufgebaut wird und auf sich ändernde Randbedinggungen wie Ladedruck, AGR-Rate, Gemischtemperatur und Raildruck sinnvoll reagiert [41]. Deshalb wird es als Standard-Emissionsmodell in *FkfsUserCylinder* hinterlegt. In der vorliegenden Arbeit wird Kožuch-Modell verwendet, um die Emissionen abzustimmen. Als Absimmparameter dient c_g in Gl. 3.38:

$$g = c_g \cdot \rho_{uv} \cdot u_{Turb,g} \cdot V_v^{\frac{2}{3}} \cdot Anz_D + c_{ga} \cdot \frac{dm_B}{d\varphi} \cdot 6 \cdot n_{mot} \qquad \text{Gl. 3.38}$$

mit g Zumischmassenstrom ins Verbrannte [$\frac{kg}{s}$]

       c_g konstanter Parameter [-]

       ρ_g Dichte des Unverbrannten [$\frac{kg}{m^3}$] [-]

       $u_{Turb,g}$ Turbulenzgeschwindigkeit der Funktion g [$\frac{m}{s}$]

       V_v Volumen des Verbrannten [m^3]

       Anz_D Einspritzdüsen-Lochanzahl [-]

       c_{ga} konstanter Parameter [-]

Bei dem Kožuch-Modell ist die unverbrannte Zone durch die infinitesimal dünne Flamme von der verbrannten Zone getrennt. Die Zumischung (Funktion g in Gl. 3.38) aus der unverbrannten Zone an der Flamme vorbei in die verbrannte Zone, wodurch die Temperatur und Zusammensetzung in der verbrannten Zone eingestellt werden kann.

Zur Abstimmung der Rußpartikel wird bei dem Kožuch-Modell den Abstimmparameter c_f in Gl. 3.39 verstellt. Die Funktion f beschreibt den Anteil der Rußbildung begünstigten fetten Verbrennung.

$$f = c_f \cdot \frac{3700}{V_{h,Z}[m^3]} \cdot \frac{m_{BV}}{u_{Turb,f} \cdot Anz_D} \qquad \text{Gl. 3.39}$$

mit f Fettanteil der Flammenzone [-]

c_f konstanter Parameter [$\frac{m^4}{kg \cdot s}$]

$m_{BV,uv}$ verdampfte, unverbrannte Kraftstoffmasse [kg]

$u_{Turb,f}$ Turbulenzgeschwindigkeit der Funktion f [$\frac{m}{s}$]

$V_{h,Z}$ Hubvolumen eines Zylinders [m^3]

Anz_D Einspritzdüsen-Lochanzahl [-]

3.1.4 Modellvalidierung

Das Motormodell mit dem integrierten Verbrennungs- und Emissionmodell wird mit den vorhandenen Messungen validiert.

Gemeinsame Optimierung und Validierung QDM-Diesel

Die gemeinsame Optimierung, die im letzten Abschnitt vorgestellt wurde, werden mit 16 Betriebspunkten aus dem gemessenen Motorkennfeld durchgeführt. Die Betriebspunkte haben den unteren und höheren Drehzahlbereichen abgedeckt. In dem mittleren Drehzahlbereich, der dem Hauptbetriebsbereich des Motors in Fahrzyklus entspricht (vgl. Abbildung 3.42, Abschnitt 3.4), werden keine Betriebspunkte ausgewählt. Somit zählt es zu einem Validierungsbereich[†]. Bei der Auswahl der Betriebspunkten ist es zu beachten, dass die Anzahl der Betriebspunkte einen großen Einfluss auf die Optimierung und mit Sorgfalt festgelegt werden muss. Bei wenigeren Betriebspunkten führt es zu einem schlechten Optimierungsergebnis und damit werden ungeeignete Parameter für phänomenologisches Modell erhalten. Hingegen nimmt die Optimierungszeit mit übermäßiger Anzahl der Betriebspunkten stark zu.

[†]Es ist durchaus zulässig, dass die Betriebspunkte in dem mittleren Drehzahlbereich für die gemeinsame Optimierung auszuwählen.

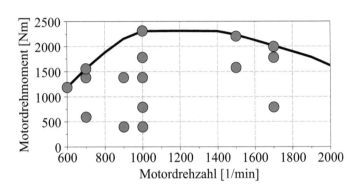

Abbildung 3.14: Betriebspunkte für Abstimmung von QDM-Diesel

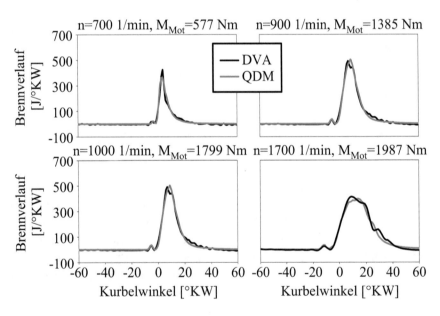

Abbildung 3.15: Validierung des Brennraummodells an den ausgewählten
Betriebspunkten im Motorkennfeld

In Abbildung 3.14 sind die für die gemeinsame Optimierung ausgewählten
Betriebspunkte im Motorkennfeld dargestellt. Der mit der gemeinsamen Op-

timierung abgesimmten Parametersatz wird bei dem QDM-Diesel eingesetzt. Die 16 Betriebspunkte werden mit QDM-Diesel simuliert. In Abbildung 3.15 Sind die Ergebnisse der Simulation mit den durch und der Druckverlaufsanalyse unterschiedlicher Betriebspunkte dargestellt. Das QDM-Diesel hat die Brennverläufe mit einer hohen Güte wiedergegeben.

Modellvalidierung am stationären Motorkennfeld

Es stehen 158 stationär gemessene Betriebspunkte in dem gesamten Motorkennfeld für Validierung zur Verfügung. Die Betriebspunkte werden mit dem fertigen Motormodell sowie dem integrierten Verbrennungs- und Emissionmodell simuliert. Bei der Simulation werden Randbedingungen und Eingangsgrößen aus den Messdaten entnommen und für das Modell vorgegeben.

In Abbildungen 3.16 und 3.17 sind die Validierungsergebnisse der für Restwärmenutzung relevanten Größen dargestellt.

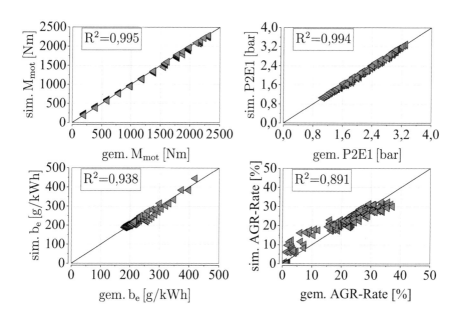

Abbildung 3.16: Validierung des Motormodells im stationären Betrieb ①

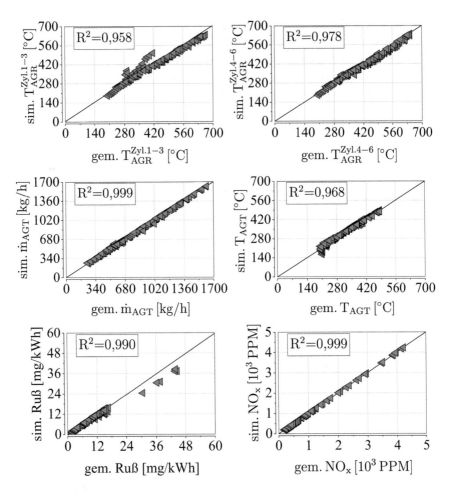

Abbildung 3.17: Validierung des Motormodells im stationären Betrieb ②

Da die Enthalpieströme der Abgase, nach Gl. 2.7, abhängig von Abgasmassen-strom und -temperatur sind, ist eine gute Abstimmung von beiden Größen von Bedeutung. Eine Validierung des Ladedrucks P2E1 dient zur Prüfung des mit dem in Abschnitt 3.1.2 vorgestellten Verfahren erstellten Turboladers. Ange-sichts der Zielsetzung dieser Arbeit zur Untersuchung der Effizienzsteigerung des Antriebs unter Einhaltung der vordefinierten Emissionswerte werden Drehmoment, spezifischer Kraftstoffverbrauch sowie Ruß- und NOx-Emissionen betrachtet und als validierte Größen dargestellt.

Die Güte der Modellierung für den stationären Betrieb des gesamten Motors wird mit dem Bestimmtheitsmaß R^2 beurteilt. Die Definition und die Bedeutung für das Bestimmtheitsmaß werden im Anhang A.2 detailliert erläutert. Die Bestimmtheismaße von den validierten Größen liegen außer AGR-Rate alle oberhalb von 90 %. Da das Ziel der Modellierung einen allgemeinen Nutzfahrzeug-Motor abzubilden ist, sind die geringfügig abweichenden AGR-Raten akzeptabel. Außerdem werden die Ergebnisse mit einem Bestimmtheitsmaß von $R^2 = 0,891$ bei AGR-Raten als sehr gut beurteilt, obwohl es im Vergleich mit den Bestimmtheismaßen anderer Größen deutlich kleiner ist. Da der Versuchsträger getrennte Abgaskrümmer für jeweils alle drei Zylinder besitzt, unterscheidet sich die Abgastemperatur vor dem AGR-Kühler zwischen $T_{AGR}^{Zyl.1-3}$ und $T_{AGR}^{Zyl.4-6}$. Die simulierten Ruß- und NOx-Emissionen stimmen sehr gut mit den Messungen überein. Hierbei werden individuelle Abstimmungsparameter c_g und c_f für den jeweiligen Betriebspunkt eingesetzt. Insgesamt hat die Validierung gezeigt, dass das abgestimmte Motormodell eine sehr hohe Vorhersagefähigkeit besitzt.

Nachdem das detailliert aufgebaute Motormodell validiert wird, kann das schnelllaufende Modell (FRM) als nächstes abgestimmt werden. Bei FRM wird das Zylinder-Modell von dem detaillierten Motormodell unverändert eingesetzt. Aufgrund der starken Vereinfachung des Luft- und Kraftstoffpfads ist die durchschnittliche Rechendauer für einen Betriebspunkt ein Siebtel von der bei dem detaillierten Modell. In Abbildungen 3.18 und 3.19 werden die mit dem FRM und mit dem detaillierten Modell (Detail) simulierten Ergebnisse vergleichend gegenübergestellt. Mit den oberhalb von 0,96 liegenden Bestimmtheismaßen bei allen dargestellten Größen lässt sich die hohe Qualität des FRMs bestätigen.

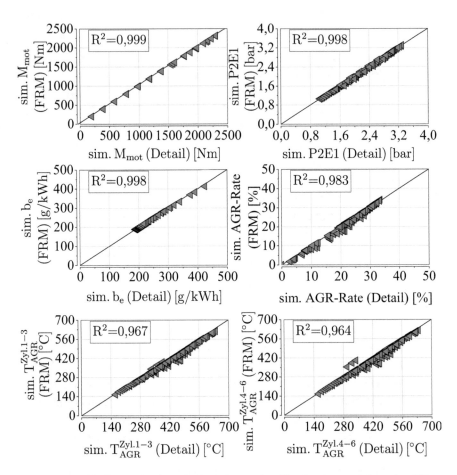

Abbildung 3.18: Vergleich zwischen dem schnelllaufenden und dem detailliert aufgebauten Motormodell ①

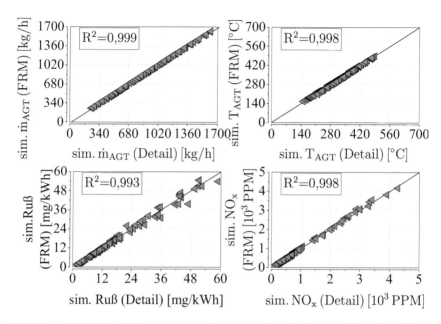

Abbildung 3.19: Vergleich zwischen dem schnelllaufenden und dem detailliert aufgebauten Motormodell ②

Neben den Messungen der stationären Betriebspunkte wird der Motor am Motorprüfstand im ETC-Zyklus betriebswarm gefahren. Der ETC-Zyklus besteht aus drei Teilen und dauert insgesamt 1800 Sekunden. Während der ersten 600 Sekunden befindet sich der Motor im innerstädtischen Fahrbetrieb. Der anschließende Teil gilt für Überlandsfahren. Die letzten 600 Sekunden gehören zu dem Betrieb des Motors auf Autobahn. Bei der Simulation werden die Motordrehzahlen und -drehmomenten als Eingangsgrößen vorgegeben. Im Gegensatz zu der Validierung bei den stationären Betriebspunkten werden die Einspritzmenge geregelt, um Transientverhalten der Regelung zu untersuchen bzw. prüfen. In Abbildungen 3.20, 3.21 und 3.22 werden die Validierungergebnisse aufgezeigt. Die dargestellten Größen, die eingespritzten Kraftstoffmenge $\dot{m}_B$, der Luftmassenstrom $\dot{m}_L$, die Temperatur im Abgaskrümmer T3_A1 und die Temperatur nach ND-Turbine T4_A1, sind relevant für den Enthalpiestrom des Abgases. Zusätzlich sind die spezifischen Kraftstoffverbräuche b_e und die NO_x-Emissionen dargestellt.

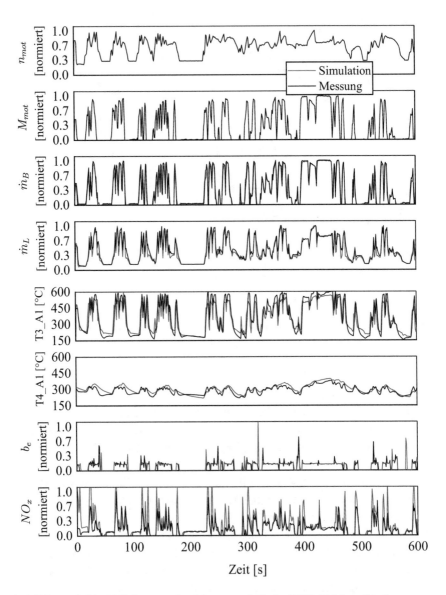

Abbildung 3.20: Validierung des Motormodells in ETC-Zyklus, Stadt

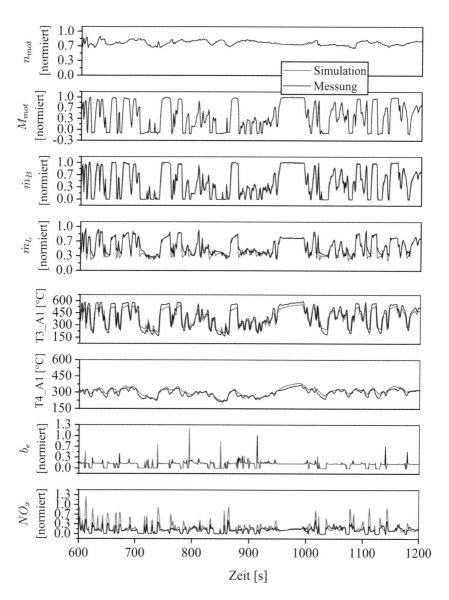

Abbildung 3.21: Validierung des Motormodells in ETC-Zyklus, Überland

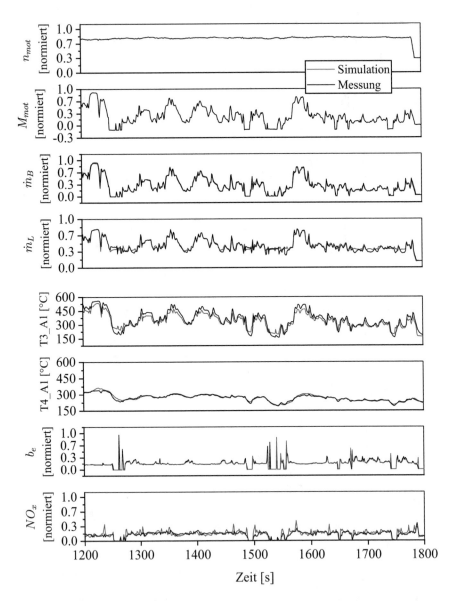

Abbildung 3.22: Validierung des Motormodells in ETC-Zyklus, Autobahn

In den Bildern ist es zu sehen, dass die simulierten Verläufe in dem gesamten Zyklus mit den gemessenen Verläufen trotz hoher Dynamik des ETC-Zyklus grundsätzlich sehr gut übereinstimmen. In Tabelle 3.5 werden die absoluten mittleren Abweichungen zwischen Simulation und Messung am gesamten ETC-Zyklus aufgelistet. Die Ergebnisse der stationären und transienten Validierungen haben gezeigt, dass das mit dem vorgestellten Verfahren erstellte Motormodell den Versuchsträger in hoher Qualität abgebildet, obwohl für die Modellierung eine eingeschränkte Datenbasis zur Verfügung steht.

Tabelle 3.5: Absolute mittlere Abweichungen der Größen zwischen Simulation und Messung im gesamten ETC-Zyklus

Größe	Einheit	Abweichung
$\dot{m}_B$	[mg/Hub]	11,9
$\dot{m}_L$	[kg/h]	66,8
T3_A1	[°C]	32
T4_A1	[°C]	13
b_e	[g/kWh]	19,8
NO_x	[ppm]	119

3.1.5 Ableiten der Abgasturboladervariante

Bei den modernen Dieselmotoren für schwere Nutzfahrzeuge werden neben dem zweistufigen Aufladungsystem, das bei dem Versuchsträger eingesetzt wird, auch häufig einstufiges Aufladungssystem verwendet. Es ist interessant, dass der Motor mit unterschiedlichen Aufladungssystemen hinsichtlich der Potentiale für Restwärmenutzung mit WHR-System zu untersuchen. In diesem Abschnitt werden zwei Variante einstufiger Abgasturbolader betrachtet und unterscheiden sich nach Regelungstyp in 1-stufig-Abgasturbolader mit Bypassventil (ATL-WG) und 1-stufig-Abgasturbolader mit variabler Turbinengeometrie (ATL-VTG), vgl. Abbschnitt 2.1.5 in Kapitel 2.

Um die Variante der Abgasturbolader abzubilden, werden die Kennfelder für jeden Turborlader mit der in Abschnitt 3.1.2 vorgestellten Skalierungsmethode erstellt. Die Ableitung der Kennfelder des Abgasturboladers lässt sich dann auf

Festlegung des Auslegungspunktes, bei dem die Raddurchmesser von Verdichter und Turbine berechnet werden, zurückführen. Der 1-stufig-Abgasturbolader für schwere Nutzfahrzeugmotoren ist normalerweise für einen Motorbetriebspunkt gleich oder nahe dem Nennleistungspunkt ausgelegt [70]. Am Betriebspunkt der Nennleistung herrschen die höchsten Anforderungen hinsichtlich der Turbineneintrittstemperatur, der Verdichteraustrittstemperatur und der Umfangsgeschwindigkeit. Deshalb müssen hier besonders hohe Verdichter- und Turbinenwirkungsgrade erzielt werden. Die Auslegung des Turboladers mit dem Betriebspunkt der Nennleistung führt unvermeidbar zu einem beschränkten Druckaufbau im unteren Motordrehzahlbereich, da der Turbolader aufgrund der großen Dimension in diesem Bereich nicht hochlaufen kann. Bei den schweren Nutzfahrzeugen für Fernverkehr ist dies allerdings akzeptabel.

Es ist davon ausgegangen, dass der Verdichter des abzuleitenden 1-stufig-Abgasturboladers bei dem Auslegungspunkt den gleichen Ladedruck von dem 2-stufig-Abgasturbolader aufbauen soll. Somit können die für Skalierung benötigten Kenngrößen festgelegt werden.

Tabelle 3.6: Bestimmung von Verdichter-Raddurchmesser einstufiges Abgasturboladers an den Volllast-Betriebspunkten

n_{mot} [1/min]	$\dot{m}_V$ [kg/s]	ϕ_V [-]	Π_V [-]	$D_{V,soll}$ [mm]	*Auswahl*
1000	0,24	0,211	3,165	58,7	-
1100	0,26	0,217	3,329	60,6	-
1200	0,28	0,227	3,565	62,3	-
1300	0,30	0,228	3,582	64,1	-
1400	0,32	0,226	3,549	66,2	-
1500	0,34	0,225	3,525	68,9	-
1600	0,35	0,220	3,403	70,8	-
1700	0,37	0,221	3,424	72,7	-
1800	0,39	0,222	3,438	74,7	-
1900	0,41	0,223	3,470	76,8	✘
2000	0,43	0,224	3,505	78,6	-

In Tabelle 3.6 sind die Kenngrößen und berechneten Raddurchmesser des Verdichters an den Volllast-Betriebspunkten für 1-stufig-Abgasturbolader aufgeführt. Die Motornennleistung befindet sich am Volllast-Betriebspunkt mit der Motordrehzahl von 1900 1/min.

Bei dem 1-stufig-ATL-WG wird der Turbinenraddurchmesser nach Gleichungen von Gl. 3.25 bis Gl. 3.29 auch am Betriebspunkt für Motornennleistung bestimmt.

Für die VTG-Turbine werden in der Praxis mehrere Kennfelder unterschiedlicher VTG-Positionen gemessen. Dementsprechend stehen virtuelle Kennfelder für VTG-Turbine bei FKFS als Basis-Kennfelder zur Verfügung.

Tabelle 3.7: Raddurchmesser einstufiger Abgasturbolader

	Verdichter [mm]	Turbine [mm]
1-stufig-ATL-WG	76,8	67,5
1-stufig-ATL-VTG	76,8	78

Der Raddurchmesser der VTG-Turbine wird nicht am Betriebspunkt für Nennleistung berechnet, sondern mit Erfahrungswerten angepasst. Während der Ladedruck beim 1-stufig-ATL-WG mittels Bypass den Durchsatz der Abgase geregelt wird, lässt sich beim 1-stufig-ATL-VTG mit Querschnittsregelung der Turbine regeln. In diesem Fall ist die Größe von VTG-Turbine mit der von ND-Turbine zweistufiges Abgasturboladers vergleichbar. In Tabelle 3.7 sind die festgelegten Raddurchmesser von Verdichtern und Turbinen für die zwei Typen einstufiger Abgasturbolader aufgeführt.

Während die 1-stufig-ATL-WG die Auslegung der Abgasstrecke von 2-stufig-ATL-WG übernommen hat, wird die Flutentrennung in dem Turbinengehäuse bei 1-stufig-ATL-VTG aufgehoben. Die Abgaskanäle werden bei dem VTG-Konzept in einem gemeinsamen Abgaskrümmer zusammengeführt. Dadurch fällt die getrennte Zuführung der Abgase zu dem AGR-Kühler aus. Die Gestaltung der Abgasstrecke der jeweiligen Variante wird im Simulationsmodell angepasst. Die Längen und Querschnittsflächen der Abgasrohre werden äquivalent berechnet.

Bei dem Vergleich zwischen den Varianten der Abgasturbolader werden drei Betriebspunkte betrachtet:

- Betriebspunkt für LET „Low End Torque" (1000 1/min, 2305 Nm) repräsentiert den kritischen Volllastpunkt bei niedriger Drehzahl, der bei starker Steigung angefahren wird.

- Betriebspunkt im WHSC-Zyklus mit Nummer 8 (1310 1/min, 1155 Nm), siehe Tabelle 3.8 in Abschnitt 3.3.2, entspricht dem Hauptfahrpunkt bei Autobahnfahrt auf Ebene.

- Betriebspunkt der Nennleistung (1900 1/min, 1783 Nm)

In Abbildung 3.23 sind die Trade-Offs der spezifischen Kraftstoffverbräuche über den NO_x-Rohemissionen an den Betriebspunkten für die drei Aufladekonzepte dargestellt.

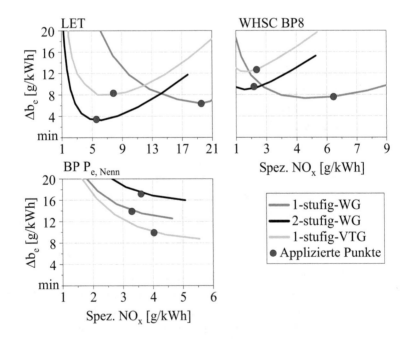

Abbildung 3.23: Vergleich der ein- und zweistufigen Abgasturbolader bezüglich der spez. Kraftstoffverbräuche und NO_x-Rohemissionen

Die mit den applizierten Vorsteuerungskenngrößen, z.b. Einspritzbeginn, Rail-druck, AGR-Rate und Ladedruckregelung, berechneten Ergebnisse sind mit den Punkten gekennzeichnet. Bei dem Betriebspunkt LET zeigt der 2-stufig-ATL-WG im Vergleich mit den beiden einstufigen Aufladekonzepten den großen Vorteil von Kraftstoffeinsparung mit niedriger NO_x-Rohemission. Da der 2-stufig-ATL an diesem Betriebspunkt in dem wirkungsgradgünstigen Bereich betrieben wird, erfüllt er gleichzeitig die Anforderung des hohen Ladedrucks und der hohen AGR-Rate. Das Druckgefälle zwischen Abgasgegendruck und Ladedruck, das für die Abgasrückführung erforderlich ist, ist größer als das bei den einstufigen Varianten. Obwohl die Ladungswechselverluste dabei aufgrund des großen Druckgefälles höher als die von den einstufigen Varianten sind, lassen sich mit hohem Motorwirkungsgrad kompensieren. Im Gegensatz dazu wird bei dem 1-stufig-ATL-WG der günstigste spezifischer Kraftstoffverbrauch mit einer sehr hohen spezifischen NO_x-Rohemission erzielt, da dieses Auflade-konzept am LET-Betriebspunkt aufgrund des unzureichenden Druckgefälles die Abgasrückführung nicht bereitstellen kann. Die VTG-Variante besitzt einen ähnlichen Trade-Off-Verlauf wie 2-stufig-ATL-WG. Der Verdichter von dem VTG-ATL wird am LET-Betriebspunkt in der Nähe von Pumpgrenze betrieben, welche die maximal erzielbare AGR-Rate beschränkt. Die schwächeren Ab-gaspulse vor dem Flatterventil durch Aufhebung der Flutentrennung vor dem Turbineneintritt wirken sich hier ebenfalls negativ auf die erzielbare AGR-Rate aus.

Bei dem Betriebspunkt im WHSC-Zyklus zeigen die ähnlichen Verläufe von den Trade-Offs wie die an dem LET. Hierbei kann ein niedrigster Kraftstoffver-brauch bei der Variante von 1-stufig-ATL-WG erzielt werden, allerdings mit viel höherer NO_x-Rohemission.

Der Betriebspunkt der Nennleistung ist der Auslegungspunkt des Verdichters für beide einstufigen Abgasturbolader. Die beiden Motor-1stufig-Turbolader-Kombinationen werden in dem wirkungsoptimalen Bereich betrieben. Bei gleicher AGR-Rate wird ein kleineres Druckgefälle zwischen Abagasgegen-druck und Ladedruck bei den einstufigen Abgasturboladern gegenüber der zweistufigen Aufladung gebildet. Dies hat zur Folge, dass geringere Ladungs-wechselverluste erzielt werden. Im Vergleich von den beiden einstufigen Abgas-turboladern zeigt der VTG-Turbolader einen Vorteil von Kraftstoffeinsparung, da er mit weit geöffneter Leitschaufeln aufgrund der größeren Turbine geringere Ladungswechselverluste aufweist.

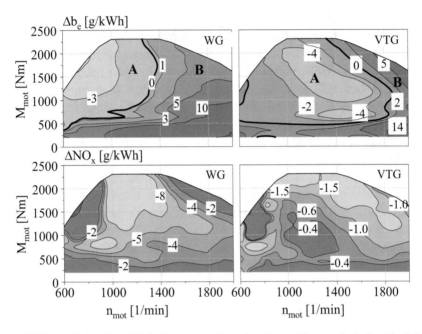

Abbildung 3.24: Vergleich der ein- und zweistufigen Abgasturbolader hinsichtlich der spez. Kraftstoffverbräuche und NO_x-Rohemissionen im Motorkennfeld

Die Abbildung 3.24 gibt einen Überblick über den Vergleich der ein- und zweistufigen Abgasturbolader bezüglich der spez. Kraftstoffverbräuche und NO_x-Rohemissionen im gesamten Motorkennfeld. Bei dem Vergleich sind die Differenzkennfelder der spezifischen Kraftstoffverbräuche und NO_x-Rohemissionen dargestellt. Die Differenzen werden in Bezug auf den 2-stufig-ATL-WG generiert, wobei ein negativer Wert den Vorteil von 2-stufig-ATL-WG bedeutet. Die Differenzkennfelder für die spezifischen Kraftstoffverbräuche werden durch die dicken schwarzen Linien von Null-Differenz in Bereich A (Vorteil 2-stufig-ATL-WG) und B (Vorteil von 1-stufig-ATL) aufgeteilt. In Gegenüberstellung mit dem 1-stufig-ATL-WG ermöglicht der 2-stufig-ATL-WG in den unteren und mittleren Drehzahlbereichen bei mittlerer bis höherer Last niedrigeren Kraftstoffverbrauch. Auch in diesem Bereich liegt der größte Vorteil von dem 2-stufig-ATL-WG für die NO_x-Rohemissionen. In Gegenüberstellung mit dem 1-stufig-ATL-VTG hat der 2-stufig-ATL-WG den Vorteil für Kraftstoffeinsparung in einem weiten Bereich des Motorkennfelds gezeigt. Da der 1-stufig-ATL-VTG hinreichende AGR-Raten zur Verfügung stellen kann, besteht nur ein kleiner Unterschied in den NO_x-Rohemissionen.

Als nächstes werden die Aufladekonzepte hinsichtlich der Abgasenthalpieangebote für WHR-System vergleichend gegenübergestellt. Der Vergleich erfolgt immer noch mit den Differenzkennfeldern von den Aufladekonzepten für unterschiedliche Kenngrößen. Als Referenz werden die Ergebnisse von dem 2-stufig-ATL-WG eingesetzt, d.h.:

$$Wert_{Diff} = Wert_{2stufig} - Wert_{1stufig} \qquad \text{Gl. 3.40}$$

Da die Abgasenthalpie nach Gl. 2.7 abhängig von Massenstrom und Temperatur der Abgase ist, werden die Differenzkennfelder der beiden Kenngrößen für die AGR- und AGT-Pfade erstellt und sind in Abbildung 3.25 aufgezeigt. Statt des Abgasmassenstroms sind die AGR-Raten für AGR-Strecke bei dem Vergleich dargestellt.

Aufgrund des kleineren Drückgefälles zwischen Abgasgegendruck und Ladedruck in den unteren und mittleren Drehzahlbereichen von mittlerer bis zu höherer Last liegen die AGR-Raten bei dem 1-stufig-ATL-WG viel niedriger (kaum in der Nähe von LET) als die bei dem 2-stufig-ATL-WG vor. Im gesamten Kennfeld werden höhere AGR-Raten mit dem 2-stufig-ATL-WG erzielt. Bei dem 1-stufig-ATL-VTG sind die Abweichungen der AGR-Raten sehr gering. Da bei allen drei Aufladekonzepten die Frischluftmassenströme und die Einspritzmengen für jedem Betriebspunkt konstant gehalten werden, bleiben die Abgasmassenströme über die AGT-Strecke auf dem gleichen Niveau. Die Verbrennungsschwerpunktlage befinden sich bei dem Motor mit dem ausgestatteten 2-stufig-ATL-WG in der Nähe von dem optimalen Bereich. Es hat zur Folge, dass die Abgastemperatur aus den Zylindern vergleichsweise niedriger als die beim Einsatz des einstufigen Aufladekonzepts. Ausnahme ist der untere und mittlere Drehzahlbereich mit mittlerer bis höherer Last, in dem der 1-stufig-ATL-WG kaum oder geringe AGR-Raten zur Verfügung stellt.

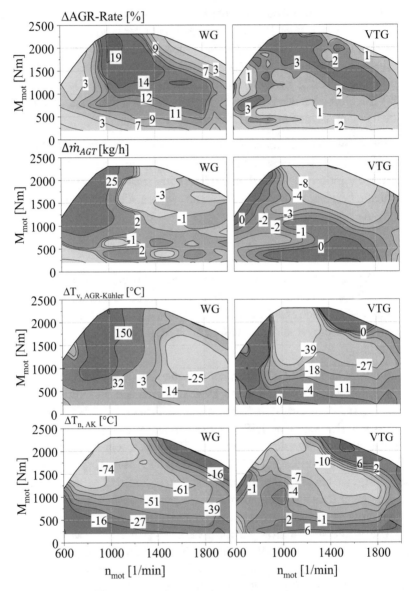

Abbildung 3.25: Vergleich der ein- und zweistufigen Abgasturbolader hinsichtlich der AGR-Rate, Abgasmassenströme im AGT und Abgastemperaturen

Der 2-stufig-ATL-WG werden im gesamten Kennfeld im Vergleich mit den einstufigen Aufladekonzepten im wirkungsgradgünstigeren Bereich betrieben. Dies führt zu den niedrigeren Abgastemperaturen in der AGT-Strecke. Es ist bei dem Vergleich zwischen 1-stufig-ATL-WG und 2-stufig-ATL-WG besonders auffällig. Bei dem 1-stufig-ATL-VTG sind die Differenzen der Abgastemperaturen in der AGT-Strecke im gesamten Kennfeld sehr gering.

Schließlich werden die Wärmeangebote der Abgase für Restwärmenutzung bei den drei Aufladekonzepten verglichen. Dafür werden die Differenzkennfelder von den Enthalpieströmen der Abgase aufgestellt und sind in Abbildung 3.26 dargestellt.

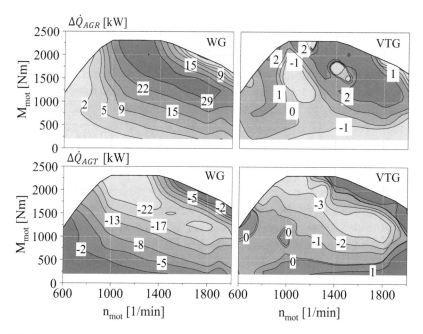

Abbildung 3.26: Vergleich der ein- und zweistufigen Abgasturbolader hinsichtlich der Wärmeangebote der Abgase für Restwärmenutzung

Bei dem Vergleich zwischen 1-stufig-ATL-WG und 2-stufig-ATL-WG ist es ersichtlich, dass der 1-stufig-ATL-WG aufgrund der vergleichsweise schlechteren Wirkungsgrade im gesamten Kennfeld auf der AGT-Strecke mehr Abgaswärme zur Verfügung stellt. Aus Sicht der Restwärmenutzung ist es vorteilhaft und aus Sicht der motorischen Effizienz nachteilig. Dieser Vorteil wird mit den mangelnden AGR-Raten kompensiert. Dadurch stehen annähernd gleiche Gesamtwärmeangebote der Abgase bei den Varianten von 1-stufig-ATL-WG und 2-stufig-ATL-WG zur Verfügung. Im Gegensatz dazu besteht kein nennenswerter Unterschied der Abgasenthalpieströme zwischen 1-stufig-ATL-VTG und 2-stufig-ATL-WG.

Wenn ein WHR-System die Abgaswärme sowohl aus AGR-Stecke als auch AGT-Strecke ausnutzt, steht gleiche Größe der Enthalpieströme bei den drei Varianten der Abgasturbolader zur Verfügung stehen. In der Literatur wird häufig die Verwendung des WHR-Systems ausschließlich bei der AGT-Strecke diskutiert. In diesem Fall besitzt der Motor mit Einsatz von dem 1-stufig-ATL-WG im Hinblick auf die Abgaswärmemenge größeres Potential für Restwärmenutzung.

Die Variante der Abgasturbolader in diesem Abschnitt werden mit der virtuellen Methode durch Skalierung der Kennfelder abgeleitet. Zur Plausibilisierung der Ergebnisse dienen die Informationen aus den Literaturen [84] und [67].

3.2 Simulationsmodell des Kühlsystems

Das Kühlsystem des für die Untersuchung verwendeten Motors wurde in einem vorangehenden Projekt modelliert. In diesem Abschnitt wird es nicht ausführlich auf die Modelldetails eingegangen, sondern die Anwendung des Modells zur Untersuchung der Wärmesenke für WHR-System gezeigt.

In Abbildung 3.27 ist der Systemaufbau des Kühlsystems von dem Versuchsträger dargestellt. Das Kühlsystem verfügt über drei Kreisläufe:

- Kurzschlusskreislauf ①

- Niedertemperaturkreislauf mit Niedertemperatur-Kühler (NT-Kühler) für Ladeluftkühlung ②

- Hochtemperaturkreislauf mit Hochtemperatur-Kühler (HT-Kühler) für Motorkühlung ③

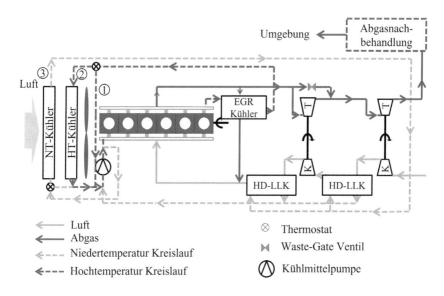

Abbildung 3.27: Aufbau des Kühlsystems

Zu den Komponenten von Thermomanagement des Kühlsystems gehören zwei Dehnstoffthermostaten (NT- und HT-Kreislauf), eine mechanisch angetriebene Kühlmittelpumpe und ein Kühllüfter mit Visco-Antrieb.

Die Aufgabe des Kurzschlusskreislaufs ① ist, dass zum einen der Motor in der Warmlaufphase die Betriebstemperatur schnell zu erreichen und zum anderen bei den Betriebspunkten ohne überschüssige Abwärme die Betriebstemperatur sicherzustellen. Da das Kühlsystem ein indirektes Kühlungskonzept für Ladeluftkühlung besitzt, d.h. die Ladeluftkühlung erfolgt mit Wärmeaustausch zwischen Luft und Kühlmittel in dem Ladeluftkühler, ist ein Niedertemperaturkreislauf ② vorgesehen. Der Hochtemperaturkreislauf ③ sorgt für die Wärmeabfuhr von dem Motor. Der NT-Kühler ist vor dem HT-Kühler angeordnet. Die Temperatur des Kühlmittels am Austritt von dem NT-Kühler ist viel niedriger als die von dem HT-Kühler, weshalb es Niedertemperatur-Kreislauf benannt wird. Die Funktionsweise des Kühlsystems wird im Folgenden erläutert.

Das von der Kühlmittelpumpe geförderte Kühlmittel wird vor dem Motoreinlass in zwei Pfade geteilt. Ein Teil des Kühlmittels mit vergleichsweise kleinem

Massentrom wird zu NT-Kühler geleitet. Der Hauptteil von dem Kühlmittel fließt durch den Wassermantel des Kurbelgehäuses. Die Wandwärme wird von dem Kühlmittel aufgenommen. Hinter dem Motor ist ein AGR-Kühler angeordnet, in dem die Wärme der AGR-Abgase dem Kühlmittel zugeführt wird. Das erwärmte Kühlmittel gelangt anschließend in das HT-Thermostat. Erreichen die Temperatur des Kühlmittels die Öffnungsgrenze des Thermostats, beginnt das Thermostat den HT-Kreislauf zu öffnen und gleichzeitig den Kurzschlusskreislauf zu schließen. In dem HT-Kühler findet der Wärmeaustausch zwischen Kühlmittel und Luft statt. Das abgekühlte Kühlmittel aus dem HT-Kreislauf wird mit dem zugemischten abgekühlten Kühlmittel aus dem NT-Kreislauf wieder gemeinsam von der Kühlmittelpumpe zu Motoreinlass gefördert.

Das Kühlsystem wird auch in dem Programmsystem GT-Suite modelliert. Die Motorstruktur inkl. Zylinderkopf, Ventildeckel, Kurbelgehäuse mit Ölwanne ist in dem Modell mit thermischen Massen modelliert. Bei der Modellierung der kühlmittelseitigen, innermotorischen Strömung wird wie bei dem Luft-/Kraftstoffmodell das Finite-Volumen-Verfahren eingesetzt, mit dem der Kühlmittelströmungspfad in kleinen Stücken diskretisiert wird. Das Kühlsystemmodell enthält nicht nur den Kühlkreislauf als auch den Ölkreislauf.

Die Komponenten des Kühlsystems werden in Anlehnung teils an den technischen Daten, die von Projektpartnern zur Verfügung gestellt werden, teils an den Erfahrungswerten Modelliert. Die Kühlmittelpumpe wird durch Einsatz eines Pumpenkennfelds abgebildet. Der Lüfter mit Visco-Antrieb wird durch Einsatz von einem Referenzbetriebspunkt mit der in Software eingebetteten Skalierungsmethode modelliert. Die Regelung des Kühllüfters erfolgt mit Kennlinie, die das Verhältnis der Visco-Übersetzung von dem Lüfter und der Kühlmitteltemperatur am Austritt des HT-Kühlers definiert hat. Ausgehend von dem bekannten Auslegungspunkt werden die Kühler mit den in Software hinterlegten Beispielmodellen abgeleitet. Die Öffnung des Thermostats wird mit den von Messdaten abgeleiteten Kennlinien, die das Hub-Temperatur-Verhältnis darstellen, gesteuert.

Die Wärmequellen des Kühlsystems lassen sich mit den Kennfeldern abbilden. Die Wärmequellen für das vorliegende Kühlsystem unterscheiden sich in Wandwärme aus Brennraum, Wärme aus Abgasrückführung und Wärme aus Ladeluftkühlung. Darüber hinaus wird die durch Reibung erzeugte Wärme, gleich wie bei dem Motormodell, mit dem Fischer-Ansatz berechnet.

Der Motor wird am Motorprüfstand anhand des transienten Fahrzyklus ETC thermisch gemessen. Bei der Messung wird die Kühlmitteltemperatur am Eintritt des Motors mit einer Konditioniereinheit geregelt. Der Massenstrom des Kühlmittels durch den Motor wird durch Regelung der Drehzahlen von der Kühlmittelpumpe vorgegeben. Die Kühlmitteltemperaturen am Motoraustritt und Austritt des Thermostats werden gemessen. Die Messungen werden daher nicht mit dem gesamten Kühlsystem, sondern mit der Strecke von Motoreinlass bis Thermostat, durchgeführt. Eine Simulation wird unter gleichen Randbedingungen wie am Motorprüfstand mit dem aufgestellten Kühlsystemmodell (Teilabschnitt von Motoreinlass bis Thermostat) durchgeführt.

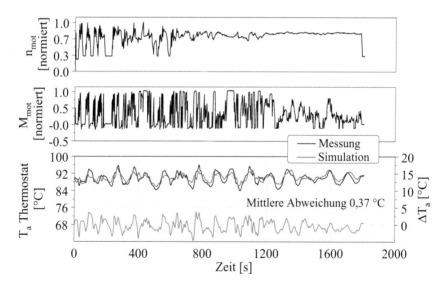

Abbildung 3.28: Vergleich zwischen gemessenen und simulierten Temperaturen am Austritt des Thermostats in ETC-Zyklus

In Abbildung 3.28 sind die am Austritt des Thermostats simulierten und gemessenen Kühlmitteltemperaturverläufe in ETC-Zyklus dargestellt. Der simulierte Kühlmitteltemperaturverlauf in Abbildung 3.28 stimmt im gesamten Fahrzyklus gut mit dem gemessenen Verlauf überein. Der Verlauf der Abweichung zwischen der Messung und Simulation wird mit der grauen Linie gezeigt. Eine geringe mittlere Abweichung von 0,37 °C wird erzielt.

3.2.1 Thermische Zustände des Motorkühlsystems

Im Allgemeinen wird ein Motorkühlsystem auf extreme Fahrzustände, wie z.b. Bergfahrten mit maximaler Zuladung und hoher Umgebungstemperatur, ausgelegt. Es besteht Potential von dem Kühlsystem bei alltäglichen Fahrsituationen für die zusätzliche Wärmeaufnahme. Diese Tatsache ermöglicht die integration des WHR-Systems mit dem Kühlsystem.

Die Verwendung des Motorkühlsystems als Wärmesenke für WHR-System ist herausfordernd. Bei Integration des Kondensators in das Kühlsystem steht die Kondensation des Arbeitsmediums in dem WHR-System in Konkurrenz zur Motorkühlung, die stets höhere Priorität hat, um sicheren Motorbetrieb zu gewährleisten. Die in Kondensator stattfindende Abkühlung des Arbeitsmediums bis zu der definierten Unterkühlungstemperatur ist unerlässlich für den Wirkungsgrad und die Festigkeit des WHR-Systems.

Um dem Potential des Kühlsystems Rechnung zu tragen, müssen in erster Linie die thermischen Zustände des Kühlsystems in Bezug auf das eingesetzte Thermomanagement festgelegt werden.

Zwischen den Komponenten von Thermomanagement zählt das Dehnstoffthermostat zu dem einzelnen Stellglied, das sich auf die thermischen Zustände des Kühlsystems ohne Energieverbrauch auswirken kann. Der HT-Kreislauf wird im Folgenden als Beispiel betrachtet. Je nach der Kühlmitteltemperatur in dem Thermostat lässt sich die Thermostatöffnung in zwei Phasen unterscheiden:

* Teilöffnung des Thermostats

* Vollöffnung des Thermostats

Die Steuerung des Thermostats ist temperaturabhängig. Der HT-Kreislauf wird von Thermostat bei einer Kühlmitteltemperatur von ca. 80 °C freigeschaltet. Mit der im Thermostat hinterlegten Querschnittskennlinie erhöht sich der Kühlmittelmassenstrom des HT-Kreislaufs bis zu ca. 91 °C. Das Thermostat wird bei der Kühlmitteltemperatur oberhalb von 91 °C vollständig geöffnet. Eine Kühlmitteltemperatur von 100 °C wird als Überlastungsgrenze des Kühlsystems definiert.

Aufgrund des mechanischen Antriebs bleibt der Fördervolumenstrom der Kühlmittelpumpe bei einem vorgegebenen Betriebspunkt konstant. Die Aufgabe, die thermischen Zustände des Kühlystems einzustellen, wird von Thermostat und Kühllüfter kooperativ geleistet. Während der Phase von Teilöffnung des Thermostats steigt der Kühlmittelmassenstrom des HT-Kühlkreislaufs mit zunehmender Kühlmitteltemperatur an. Gleichzeitig erhöht sich die Lüfterdrehzahl mit zunehmender Kühlmitteltemperatur am Austritt des HT-kühlers. Dadurch wird ein konstanter thermischer Betriebszustand des Motors bei variierenden Fahrzeuggeschwindigkeiten eingestellt. Im Gegensatz dazu bleibt der Kühlmittelmassenstrom im HT-Kühler bei Vollöffnung des Thermostats unverändert. Während dieser Phase erfolgt das Thermomanagement bei variierenden Fahrzeuggeschwindigkeiten ausschließlich mit dem Kühllüfter.

3.2.2 Kühlungspotential für Abgaswärmenutzung

Die Integration des Kondensators von dem WHR-System mit dem Motorkühlsystem soll in dieser Arbeit zwei Anforderungen erfüllen. Erstens soll das Kühlungspotential von den überdimensionierten Kühlern zur Abkühlung des Arbeitsmediums des WHR-Systems ausgenutzt werden. Außerdem muss ein zusätzliches Hochlaufen des Kühllüfters beim Einsatz von dem WHR-System vermieden werden, da die mit zunehmender Kühlmitteltemperatur ansteigende Lüfterantriebsleistung den Leistungsvorteil aus dem WHR-System kompensieren und sogar eine Leistungseinbuße resultieren kann [73] [85].

Ist die Ausschöpfung des Kühlungspotentials von den Kühlern des Kühlsystems das Ziel, wird der Kondensator direkt mit dem Kühlkreislauf des Kühlsystems verschaltet. Je nach der Verwendung des HT- oder NT-Kühlers zur Abkühlung des Arbeitsmediums stehen zwei mögliche Stellen im Kühlsystem für Verschaltung des Kondensators zur Verfügung. Die erste mögliche Stelle befindet sich im HT-Kreislauf. Da eine niedrige Kühlmitteltemperatur am Eintritt des Kondensators gewünscht wird, kann der Kondensator direkt hinter dem HT-Kühler angeordnet sein. Der Kühlmittelmassenstrom aus HT-Kühler wird dem Kondensator zugeführt und nach dem Wärmeaustausch zwischen Kühlmittel und Arbeitsmedium wieder in den HT-Kreislauf geleitet. Die erhöhte Kühlmitteltemperatur wird vor dem Einlass des Motors durch Zumischung des Kühlmittelmassenstroms des NT-Kreislaufs reduziert. Dadurch wird eine kritische Einlasstemperatur des Kühlmittels am Motoreintritt vermieden. Da der Kühlmittelmassenstrom, wie bereits beschrieben, vor dem Einlass des Motors in den Wassermantel des Gehäuses und in den NT-Kreislauf aufgeteilt wird, nimmt der NT-Kühler auch an der Abführung der Kondensationswärme teil. In Abbildung 3.29 wird die Verschaltung des Kondensators mit dem HT-Kreislauf veranschaulicht.

Bei der Integration des WHR-Systems mit dem NT-Kreislauf muss der Kondensator vor dem NT-Kühler angeordnet sein, da die Integration des WHR-Kondensators die Funktion von den Ladeluftkühlern nicht beeinträchtigen darf. Die Verschaltung des Kondensators mit dem NT-Kreislauf ist in 3.30 schematisch dargestellt. Der Nachteil dieses Konzepts ist die hohe Kühlmitteltemperatur am Eintritt des Kondensators.

Der AGR-Kühler wird durch den AGR-Verdampfer ersetzt und ist im Kühlsystem nicht mehr vorhanden. Dadurch erhöht sich das Kühlungspotential des Kühlsystems. Ausgehend von der Tatsache, dass die Kühlmitteltemperatur im gesamten Kühlsystem unterhalb der Überlastungsgrenze von 100 °C liegt, besteht ein weiteres Kühlungspotential durch Erhöhung der Kühlmitteltemperatur bis zu dieser Überlastungsgrenze.

Die Bestimmung des Potenzials zur Kondensationswärmeabfuhr erfolgt mit einer fiktiven Steuerung der Kühlmitteltemperatur, die in GT-Power mit einem PID-Regler umgesetzt wird. An der Verschaltungsstelle wird anstelle des Modells des WHR-Kondensators eine fiktive Kondensationswärmemenge eingesetzt, die zum Erreichen der definierten thermischen Bedingungen mit dem PID-Regler gesteuert wird.

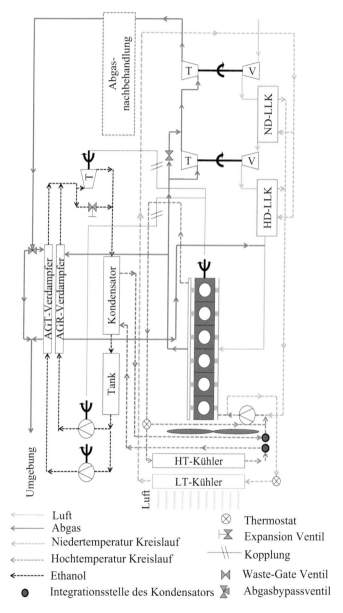

Abbildung 3.29: Integration des Kondensators in den HT-Kreislauf

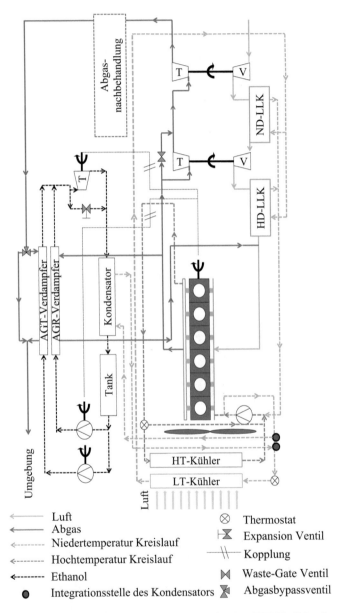

Abbildung 3.30: Integration des Kondensators in den NT-Kreislauf

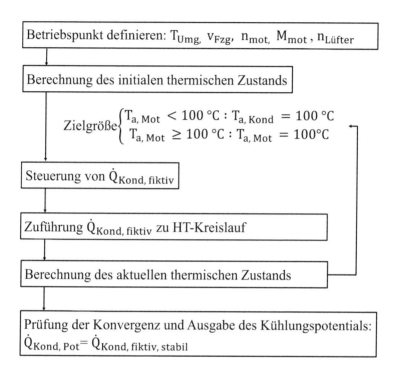

Abbildung 3.31: Bestimmung des Potentials der Kondensationswärmeabfuhr bei Integration des Kondensators mit HT-Kühlkreislauf

Der Berechnungsablauf bei Verschaltung des Kondensators mit dem HT-Kreislauf ist in Abbildung 3.31 dargestellt. Bei der Berechnung wird vor allem der Betriebspunkt mit den Parametern Umgebungstemperatur T_{Umg}, Fahrzeuggeschwindigkeit v_{Fzg}, Motordrehzahl n_{mot} und -drehmoment M_{mot} definiert. Ein weiterer Parameter ist die Kühllüfterdrehzahl. Um eine zusätzliche Antriebsleistung des Kühllüfters zu vermeiden, wird die Lüfterdrehzahl bei der Berechnung des Potentials nicht temperaturabhängig gesteuert, sondern bei dem normalen Betrieb des Kühlsystems berechnet und als Definitionsparameter vorgegeben. Anschließend wird der initiale thermische Zustand des Kühlsystems berechnet, um ein Beharrungsstartzustand von Kühlmitteltemperatur und -massenstrom im Kühlsystem zu erhalten. Während dieser Berechnung wird eine initiale fiktive

Kondensationswärme von 0 kW vorgegeben. Die mögliche höchste Kühlmitteltemperatur im Kühlsystem befindet sich immer an der Stelle nach einer Wärmezufuhr. Bei dem HT-Kreislauf tritt die höchste Kühlmitteltemperatur je nach dem aktuellen thermischen Zustand entweder am Austritt des Motors oder des Kondensators. Obwohl die Kühlmitteltemperatur am Eintritt des NT-Kühlers aufgrund der Zumischung der Massenströme aus NT- und HT-Kreislauf vor dem Motoreinlass sich erhöht, werden sie Dank der Kühlungskapazität des NT-Kühlers nicht beeinflusst. Die Überlastungsgrenze der Kühlmitteltemperatur von 100 °C wird als die Zielgröße für die Steuerung eingesetzt. Die fiktive Kondensationswärmeabfuhr wird durch die Steuerung variiert. Falls die Kühlmitteltemperatur am Austritt des Motors die Überlastungsgrenze nicht erreicht, erhöht sich die Kondensationswärmeabfuhr. Beim Erreichen oder Überschreiten der Überlastungsgrenze wird die fiktive Kondensationswärmeabfuhr reduziert und die Kühlmitteltemperatur am Motoraustritt bis zu 100 °C geregelt. Sofern die Steuerung sowie die Berechnung mit dem Modell ohne Konvergenzproblem erfolgen und der Motor den thermischen Beharrungszustand erreicht, wird die berechnete Wärmemenge als das Potential für die Kondensationswärmeabfuhr ausgegeben.

Der erste Schritt bei dem Berechnungsablauf bei Verschaltung des Kondensators mit dem NT-Kreislauf, wie in Abbildung 3.32 dargestellt, ist identisch mit dem bei dem HT-Kreislauf. Im Vergleich mit der Verschaltung des Kondensators mit dem HT-Kühlkreislauf kann die höchste Kühlmitteltemperatur an vier Stellen auftreten:

- Die Kühlmitteltemperatur am Eintritt des Motors erhöht sich durch Aufnahme der Kondensations- und Ladeluftwärme. Die Kühlmitteltemperatur am Austritt des Motors erreicht aufgrund der Wärmeabfuhr aus Brennraum die Überlastungsgrenze und stellt die höchste Temperatur im gesamten Kühlsystem dar.

- Die höchste Kühlmitteltemperatur kann sich auch am Austritt des Hochdruck-Ladeluftkühlers oder des Zwischenkühlers befinden.

- Da die Kühlmitteltemperatur am Eintritt des Kondensators bei Integration des WHR-Kondensators in den NT-Kreislauf vergleichsweise hoch ist, besteht eine große Möglichkeit, dass die höchste Temperatur am Austritt des Kondensators vorkommt.

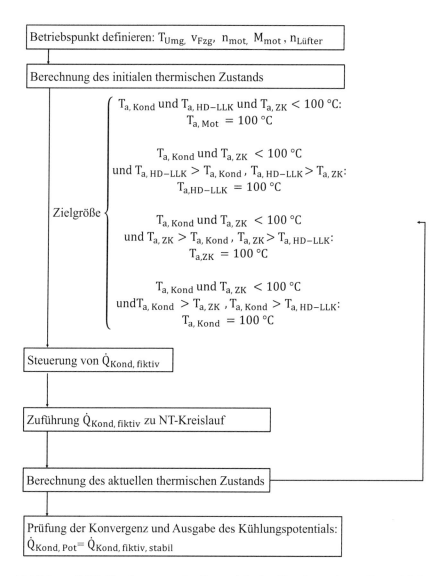

Abbildung 3.32: Bestimmung des Potentials der Kondensationswärmeabfuhr bei Integration des Kondensators mit NT-Kühlkreislauf

Die Überlastungsgrenze von 100 °C wird an den vier Stellen vorgegeben und bei der Berechnung von der Steuerung stets geprüft. Die berechnete fiktive Kondensationswärme wird dem NT-Kreislauf zugeführt. Sofern die Steuerung sowie die Berechnung ohne Konvergenzproblem funktionieren und der Motor den thermischen Beharrungszustand erreicht, wird die berechnete Wärmemenge als das Potential für die Kondensationswärmeabfuhr ausgegeben.

Die berechneten maximal abführbaren Wärmeströme über das Kühlsystem sind in Abbildung 3.33 für den stationären Betrieb kennfeldbasierend dargestellt. Die Berechnungen werden bei der Umgebungstemperatur von 25 °C und den unterschiedlichen Fahrgeschwindigkeiten für die zwei Möglichkeiten der Verschaltung des Kondensators durchgeführt. Im normalen Betrieb des Kühlsystems ohne Integration des WHR-Systems werden die Thermostaten von NT- und HT-Kreislauf bei langsamem Fahren, z.B. mit der Fahrzeuggeschwindigkeit von 20 km/h, völlig geöffnet. Der Kühllüfter wird zur Unterstützung der Wärmeabfuhr in Betrieb genommen. Mit steigender Fahrzeuggeschwindigkeit erhöht sich der luftseitige Wärmeübergangskoeffizient an den Kühlern und die Kühler sind in der Lage, mehr Wärme abzuführen. Die Lüfterdrehzahl wird dadurch reduziert.

Bei kleinem Kühlungsbedarf wird der Kühllüfter deaktiviert. Falls der Kühlungsbedarf noch weiter reduziert, werden die Thermostaten weniger geöffnet. Dieser Thermomanagementvorgang befindet sich in erster Linie im unteren Drehzahl- und Lastbereich, bei dem geringere Motorwärme entsteht. Im Gegensatz dazu werden die Thermostaten bei der Bestimmung des Kühlungspotentials für Kondensationswärmeabfuhr durch die fiktive Steuerung immer völlig geöffnet. Im unteren Drehzahl- und Lastbereich steht damit großes Potential zur Verfügung. Dieser Bereich erweitert ständig mit steigender Fahrzeuggeschwindigkeit. In dem übrigen Bereich zeigt eine motordrehzahlabhängige Verteilung der Wärmeströme (Wärmestromwelle).

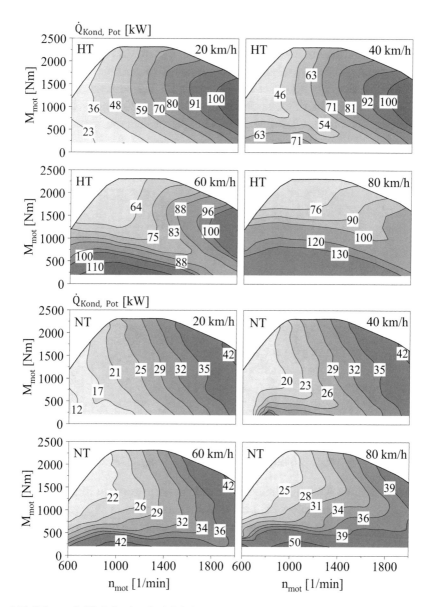

Abbildung 3.33: Maximal abführbarer Wärmestrom über das Kühlsystem bei
unterschiedlichen Fahrzeuggeschwindigkeiten unter Integration des WHR-Kondensators mit HT- oder NT-Kreislauf

Die Temperatur und der Massenstrom von Kühlmittel, die einem maximal
zulässigen Kondensationswärmestrom zugeordnet sind, werden als die Kühlungsbedingungen bei den nachfolgenden Untersuchungen eingesetzt. Aufgrund
der Tatsache, dass ein schweres Nutzfahrzeug für Fernverkehr hauptsächlich
auf Autobahn mit einer Fahrgeschwindigkeit von ca. 80 km/h stationär fährt,
werden die berechneten Wärmeströmen bei dieser Fahrzeuggeschwindigkeit
verwendet.

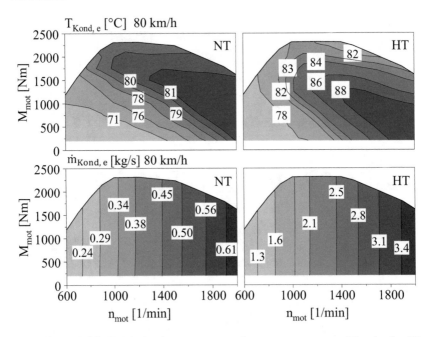

Abbildung 3.34: Kühlmitteltemperatur und -massenstrom am Eintritt des Kondensators bei dem maximal abführbaren Wärmestrom über
das Kühlsystem für Fahrzeuggeschwindigkeit von 80 km/h

Zu den Eingangsgrößen des WHR-Modells, das noch in dem anschließenden Abschnitt erstellt wird, gehören die Temperatur und der Massenstrom des
Kühlmittels am Eintritt des Kondensators. In Abbildung 3.34 sind die beiden
Eingangsgrößen bei der Fahrzeuggeschwindigkeit von 80 km/h dargestellt. Da
die Thermostaten völlig geöffnet werden, sind die Kühlmittelmassenströme

abhängig von den Pumpendrehzahlen. Aufgrund des mechanischen Antriebs der Kühlmittelpumpe von der Motorkurbelwelle bleiben die Kühlmittelmassenströme bei einer Motordrehzahl konstant.

Während die Kühlmitteltemperatur am Eintritt des Kondensators bei der Integration des Kondensators mit NT-Kreislauf durchschnittlich 6 °C niedriger als die bei dem HT-Kreislauf, sind die Kühlmittelmassenströme in dem NT-Kreislauf viel kleiner als die im HT-Kreislauf. Als Folge davon erreicht das Kühlungspotential bei dem NT-Kreislauf nur ein Drittel des Wertes bei dem HT-Kreislauf. Die Verschaltung des Kondensators nach dem HT-Kühler wird deshalb als das Integrationskonzept entschieden.

3.3 Simulationsmodell des Restwärmenutzungssystems

Es handelt sich in der vorliegenden Arbeit um eine Voruntersuchung des WHR-Systems mit Hilfe von virtueller Methode. Das aufzubauende Modell des WHR-Systems bezieht sich deshalb nicht auf eine vorhandene Anlage. Ein Black-Box-Modell eines WHR-Systems wird als Referenz von Projektpartnern zur Verfügung gestellt. Bei dem Modell sind die Konfiguration und Auslegungsdaten von dem WHR-System nicht sichtbar. Die Ergebnisse aus dem Black-Box-Modell haben allerdings die Größenordnungen für die Ausgangsgrößen von dem aufzubauenden Modell geliefert. Damit kann ein virtuelles Modell für WHR-System mit bestimmter Plausibilität erstellt werden. Die Modellierung des WHR-Systems beruht bei dieser Ausgangssituation auf die Informationen, die aus unterschiedlichen Literaturen gesammelt werden.

3.3.1 Systemaufbau

Das Systemlayout des WHR-Systems mit AGR- und AGT-Pfaden wurde durch die Vorstudie im Rahmen des vorliegenden Projekts festgelegt. In der mit dieser Arbeit gebundenen Veröffentlichung [106] wird es zeigt, wie die Entscheidung getroffen wurde. In [107] wurden unterschiedliche Auslegungen mittels Simulation gegenübergestellt. Die Ergebnisse hatten die Auswahl des WHR-Systemkonzepts in dieser Arbeit bestätigt. Ausgehend von der Diskussion zu dem Rankine-Prozess in Abschnitt 2.2.1 werden bei der Auslegung des WHR-Systems die Maßnahmen von Rekuperation und Zwischenüberhitzung nicht berücksichtigt. Ethanol wird als das Arbeitsmedium verwendet. Der Systemaufbau des ausgelegten WHR-Systems ist in Abbildung 3.35 dargestellt.

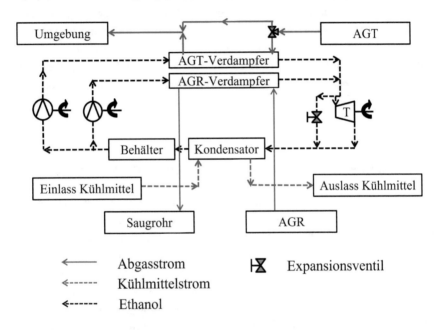

Abbildung 3.35: Systemaufbau des WHR-Systems

Das WHR-System setzt sich entsprechend den vier Zustandsänderungen des Arbeitsmediums im Rankine-Prozess aus vier Hauptkomponenten zusammen:

• Speisepumpe

• Abgaswärmetauscher (Verdampfer)

• Expansionsmaschine

• Kondensator

Der ursprüngliche AGR-Kühler des Motors wird durch einen AGR-Verdampfer ersetzt. Bei dem AGT-Pfad wird ein AGT-Verdampfer hinter der Abgasklappe (siehe Abschnitt 3.1) angeordnet. Jedem Verdampfer ist eine Speisepumpe zugeordnet, wodurch der Arbeitsmediumsmassenstrom für den jeweiligen Abgaspfad getrennt geregelt werden kann. Als Expansionsmaschine wird eine Turbine eingesetzt. Parallel zur Turbine ist ein Bypassventil vorgesehen. Es dient zur Vermeidung des Tropfenschlags in der Turbine bei unzureichender Überhitzung des Arbeitsmediums vor der Turbine. Die Turbine wird über ein Getriebe mit dem Verbrennungsmotor mechanisch gekoppelt. Der Kondensator wird in das Motorkühlsystem integriert. Die Wärmeabfuhr erfolgt anschließend über den Kühler des Kühlsystems an die Umgebung. Das Arbeitsmedium wird im Kondensator bis zum Erreichen der vordefinierten Temperatur der Unterkühlung abgekühlt und anschließend in den Behälter zurückgeführt.Bei einer unzureichenden Unterkühlung wird eine parallel zu dem AGT-Verdampfer angeordnete Abgasbypasstrecke geöffnet, um die Kavitation in der Pumpe zu vermeiden. Dadurch werden die Massenströme der Abgase durch den AGT-Verdampfer und folglich die Belastung des Kondensators reduziert.

3.3.2 Modellierung des virtuellen WHR-Systems

Der Prozess der Modellierung des virtuellen WHR-Systems wird in folgende Schritte unterteilt [87]:

1. Festlegen des Auslegungspunktes für das WHR-System

2. Erstellen und Kalibrieren der Komponentenmodelle

3. Verbinden einzelner Komponentenmodelle und Aufstellen des Systemmodells

Schritt 1

Als Auslegungspunkt des Systems wird der in Abschnitt 3.1.5 bereits betrachtete Betriebspunkt WHSC BP 8 gewählt, der den Betrieb des Nutzfahrzeugmotors bei stationären Autobahnfahrten repräsentiert. In Tabelle 3.8 werden die nach Tabelle 2.1 anhand des Versuchsträgers bestimmten Beriebspunkte in WHSC-Zyklus aufgeführt.

Tabelle 3.8: Auswahl des Auslegungspunktes für WHR-System

Betriebspunkt Nr.	n_{mot} [1/min]	M_{mot} [Nm]	Auslegungspunkt
1	1310	2309	-
2	1310	577	-
3	1310	1616	-
4	1052	2309	-
5	923	577	-
6	1181	1616	-
7	1181	577	-
8	1310	1154	✘
9	1568	2309	-
10	1052	1154	-
11	1052	577	-

Schritt 2

Die Wirkunggrade und die Betriebscharakteristik des realen WHR-Systems werden von den einzelnen Komponenten beeinflusst. Im Folgenden werden die Hauptkomponenten des Systems sowie ihre Modellierung vorgestellt.

Die Modellierung der Speisepumpe erfolgt mit dem einfachen Ansatz für Verdrängerpumpe mit einem festen Wirkungsgrad von 65%:

$$\dot{V}_{Sp} = \eta_{Pumpe} \cdot n_{Pumpe} \cdot V_D \qquad \text{Gl. 3.41}$$

Der Fördervolumenstrom der Speisepumpe $\dot{V}_{Sp}$ ist ein Produkt von Pumpenwirkungsgrad η_{Pumpe} und Verdrängervolumen V_D. Der Pumpenwirkungsgrad und Verdrängervolumen werden hier willkürlich ausgewählt. Der Fördervolumenstrom wird ausschließlich mit der Pumpendrehzahl bestimmt.

Der AGR-Verdampfer wird als Rohrbündel-Wärmeübertrager konzipiert. Das heiße Abgas strömt in den Verdampfer ein und kühlt sich unter Wärmeabgabe an das Arbeitsmedium im Gegenstromverfahren ab. Die Größe des AGR-Verdampfers ist mit dem ursprünglichen Kühler vergleichbar. In Abbildung 3.36 (links) ist die Ausführung des AGR-Verdampfers schematisch dargestellt.

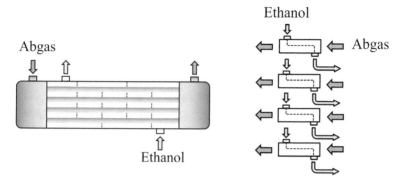

Abbildung 3.36: AGR-Verdampfer mit Rohrbündel (links) und
AGT-Verdampfer mit Platten (rechts)

Der AGT-Verdampfer ist in Plattenbauweise mit Gegenstromverfahren ausgeführt. Der Verdampfer besteht aus mehrere Schichten, wobei im Wechsel
abgasdurchströmte Räume und arbeitsmediumdurchströmte strukturierte Platten zum Einsatz kommen, wie sie in Abbildung 3.36 (rechts) schematisch
dargestellt sind. Die Abmessungen der beiden Verdampfer sind in Tabelle 3.9
aufgelistet.

In den beiden Wärmeübertragern findet zweiphasiger Strömungsvorgang von
dem Arbeitsmedium während der Verdampfung statt. Bei der zugrundeliegenden Berechnungsgleichung für den Wärmeübergangskoeffizient der flüssigen
Phase handelt es sich um Dittus-Boelter-Gleichung [87]. Der Wärmeübergangskoeffizient der Dampfsphase bei dem AGR-Verdampfer wird mit dem Ansatz
nach Shah [81], der für Beschreibung des konvektiven Wärmeübergangs im
Rohrbündel-Wärmeübertrager besonders geeignet ist, berechnet. Bei dem AGT-
Verdampfer wird der Ansatz nach Yan. Lin [105] zur Berechnung von dem
Wärmeübergang während der Dampfsphase eingesetzt.

Tabelle 3.9: Abmessungen der Wärmeübertrager des WHR-Systmes

Parameter	Symbol	Einheit	Wert
Länge des AGR-Verdampfers	$L_{AGR\text{-}V}$	mm	750
Gehäusedurchmesser des AGR-Verdampfers	$D_{AGR\text{-}V}$	mm	190
Anzahl der Rohre des AGR-Verdampfers	n_R	-	300
Plattenlänge des AGT-Verdampfers	$L_{AGT\text{-}V}$	mm	300
Plattenbereite des AGT-Verdampfers	$B_{AGT\text{-}V}$	mm	250
Anzahl der Platten des AGT-Verdampfers	n_{Platte}	-	45
Plattenlänge des Kondensators	L_{Kond}	mm	345
Plattenbereite des Kondensators	B_{Kond}	mm	200
Anzahl der Platten des Kondensators	n_{Platte}	-	40

Als Expansionsmaschine kommt eine einstufige Gleichdruckturbine zum Einsatz, ihre Konstruktion in Literatur [80] veröffentlicht wird. In Abbildung 3.37 ist die Auslegung der Expansionsturbine dargestellt.

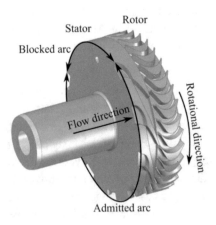

Abbildung 3.37: Stator und Rotor der Expansionsturbine [80]

Die Turbine setzt sich aus einem Stator und einem Rotor zusammen. Auf dem Stator sind acht Lavaldüsen als die Steuerungseinrichtung für den Massenstrom des Arbeitsmediums in der Turbine angeordnet. Auf dem Rotor werden mehrere Laufschaufeln eingesetzt. Der überhitzte Arbeitsmediumsdampf strömt durch die Lavadüsen, bei denen die Dampfstrahlen die Überschallgeschwindigkeit erreichen, in die Turbine ein. Der Dampf mit Hochgeschwindigkeit aus den Lavadüsen trifft auf die Laufschaueln und treibt unter konstantem Druck den Rotor zu drehen an. Alle zwei Lavaldüsen werden je nach den Massenströmen des Arbeitsmediums von dem Gehäuse geöffnet oder geschlossen. Dadurch wird die Turbine stets in dem wirkungsgradgünstigen Bereich in Betrieb genommen. Ausgehend von den in der Veröffentlichung angegebenen Wirkungsgraden und der Betriebsstrategie werden vier virtuelle Turbinenkennfelder, die den Betrieb mit 2, 4, 6 und 8 Lavaldüsen darstellen, abgeleitet.

Der Kondensator wird auch als ein Plattenwärmeübertrager mit dem Gegenstromverfahren ausgeführt. Die Abmessung des Kondensators kann aus Tabelle 3.9 entnommen werden.

Tabelle 3.10: Randbedingungen für Modellierung des WHR-Systems am Auslegungspunkt

Parameter	Symbol	Einheit	Wert
Motordrehzahl	n_{Mot}	1/min	1310
Motordrehmoment	M_{Mot}	Nm	1155
AGR-Massenstrom	$\dot{m}_{AGR}$	kg/s	0.0732
AGT-Massenstrom	$\dot{m}_{AGT}$	kg/s	0.2
AGR-Temperatur	$T_{Abg,\ AGR\text{-}V,\ e}$	°C	429
AGT-Temperautr	$T_{Abg,\ AGT\text{-}V,\ e}$	°C	351
Überhitzung	Ü	°C	20
Unterkühlung	UK	°C	10
Verdampfungsdruck	P_V	bar	40
Kondensationsdruck	P_{Kond}	bar	1
Kühlmitteltemperatur	$T_{KM,\ Kond,\ e}$	°C	65
Kühlmittelvolumenstrom	$\dot{V}_{KM}$	l/min	114
Pumpenwirkungsgrad	η_{Pumpe}	-	0,65
Arbeitsmedium	AM	-	Ethanol
Ethanol-Massenstrom	$\dot{m}_{AM}$	kg/s	0,068

Als nächstes wird eine thermodynamische Analyse anhand der Stoffdaten und definierten Randbedingungen für den Auslegungspunkt durchgeführt. Bei der Berechnung der Stoffdaten wird die Datenbank „REFPROP" [62] herangezogen.

Die Randbedingungen für die thermodynamische Analyse werden in Tabelle 3.10 aufgeführt. Dabei werden die Werte der Parameter auf Abgasseite mit dem in Abschnitt 3.1 aufgestellten Motormodell berechnet. Auf Kühlmittelseite wird eine ideale Konditionierung eingesetzt. Um einen großen Wirkungsgrad des Rankine-Prozesses zu erhalten, werden nach Gl. 2.22 eine möglichst große Differenz zwischen Verdampfungs- und Kondensationstemperatur angestrebt. In Literatur [18], [47], [69], [80] wird ein maximal zulässiger Verdampfungsdruck von 40 bar beim Einsatz des Ethanols als Arbeitsmedium für WHR-System festgelegt, um die Festigkeit der Komponenten sicherzustellen. Bei der Modellierung des WHR-Systems wird diese Grenze des Verdampfungsdrucks übernommen. Eine Überhitzung von 20 °C und eine Unterkühlung von 10 °C werden definiert. Die Kondensation findet bei dem Umgebungsdruck von 1 bar statt. Ein Kondensationsdruck unter dem Umgebungsdruck führt zu Dichtungsproblem der Speisepumpe und soll möglichst vermieden werden. Die Kondensationstemperatur beträgt bei dem Kondensationsdruck von 1 bar ca. 78 °C. Unter Berücksichtigung der Unterkühlung liegt die Temperatur des Arbeitsmediums am Austritt des Kondensators bei ca. 68 °C. Deshalb wird das Kühlmittel mit einer idealisierten Temperatur von 65 °C dem Kondensator zugeführt. Die Festlegung des Massenstroms des Arbeitsmediums orientiert sich an einem hohen Wirkungsgrad der Expansionsturbine. Bei der thermodynamischen Analyse werden die Enthalpien der charakteristischen Punkte im Rankine-Prozess, vgl. Abbildung 2.8, und die Wärmeströme in den Verdampfern und Kondensator berechnet. Die Ergebnisse werden als Anhaltswerte, die zum Ableiten des Wärmeübergangskoeffizients benötigt sind, bei den Modellen der Wärmeübertrager hinterlegt.

Schritt 3

Nachdem die Modelle der Komponenten erstellt und kalibriert wurden, werden sie zu einem Modell des WHR-Systems zusammengeführt. Ein Behälter mit dem Volumen von 7 Liter wird zum Lagern des Ethanols in dem Modell ergänzt. Darüber hinaus werden die Bypassregelungen für Expansionsturbine und AGT-Strecke eingebaut. In Abbildung 3.38 ist das Modell des WHR-Systems in der Softwareumgebung von GT-Suite dargestellt. Durch Vergleich der Simulationsergebnisse mit denen der thermodynamischen Analyse wird das Modell bei dem Auslegungspunkt abgestimmt. Für die Berechnung anderer Betriebspunkte im Motorkennfeld muss eine weitere Maßnahme ergriffen werden.

Der Verdamfungsdruck sowie die Verdampfungstemperatur in dem WHR-System werden über die Variation des Arbeitsmediummassenstroms mittels Vorgabe der Drehzahl der Speisepumpe gesteuert. Um den diversen Betriebspunkten im Motorkennfeld und auch dem transienten Betrieb Rechnung zu tragen, wird eine Vorsteuerung für den Abeitsmediummassenstrom entwickelt.

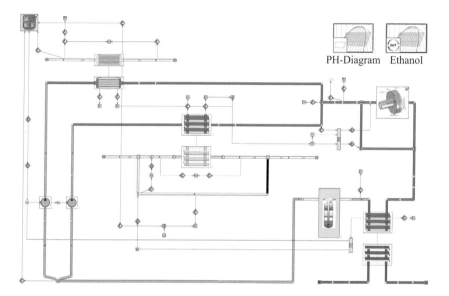

PH-Diagram   Ethanol

Abbildung 3.38: WHR-Modell in GT-Suite

Die Entwicklung der Vorsteuerung für den Massenstrom des Arbeitsmediums erfolgt mit einem virtuellen Versuch unter Verwendung des Komponentenmodells von dem Verdampfer. Ein Regelkreis wird zur Regelung der Überhitzung des Arbeitsmediums am Austritt des Verdampfers durch Variieren des Arbeitsmediummassenstroms eingesetzt. In Abbildung 3.39 wird der Regelkreis für den virtuellen Versuch veranschaulicht.

Bei dem Regelkreis dient die vordefinierte Überhitzung von 20 K als die Führungsgröße. Die Speisepumpe wird als Stelleinrichtung zur Verstellung des Massenstroms des Arbeitsmediums, eingesetzt. Ein PID-Regler minimiert die Abweichung der Überhitzung und regelt die Pumpendrehzahl.

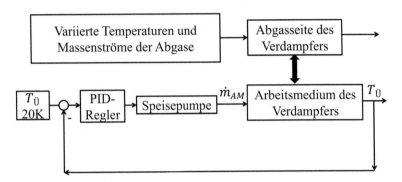

Abbildung 3.39: Virtueller Versuch mit Komponentenmodell des
Verdampfers

Bei dem virtuellen Versuch werden die Enthalpieströme der Abgase dem Verdampfer stufenweise, z.b. in Schritten von 20 kW, zugeführt. Für jede Stufe
der Abgasenthalpieströme wird die Abgastemperatur wieder in Schritten von
40 K im Bereich von 423,15 K bis 1023,15 K variiert. Nach Gl. 2.7 wird der
jeweiliger Abgastemperatur zugeordnete Abgasmassenstrom berechnet. Die bei
der Berechnung benötigten spezifischen Wärmekapazitäten der Abgase sind im
Anhang A.1 zu finden. Die varrierenden Abgastemperaturen und -massenströme
werden als die Eingangsgrößen für das Komponentenmodell des Verdampfers
eingesetzt. Der virtuelle Versuch wird bei Vorgabe unterschiedlicher Verdamp-
fungsdrücke durchgeführt. Beim Auftragen von den Abgasenthalpieströmen
über den Abgasmassenströmen und den geregelten Ethanol-Massenströmen
werden die Vorsteuerungskennlinien erhalten. In Abbildung 3.40 sind die Vorsteuerungskennlinien am Beispiel von dem AGR-Verdampfer dargestellt.

Aus Abbildung 3.40 ist es ersichtlich, dass der Abstand zwischen zwei Enthal-
piestromkurven bei gleicher Abgastemperatur proportional zu der Differenz
der Massenströme des Arbeitsmediums, wie z.B. die dargestellte Dreiecke zwischen 60 kW und 80 kW in dem Diagramm. Ausgehend von diesem Kenntnis
müssen nicht alle Kennlinien im Modell hinterlegt werden. Die Bestimmung
des Arbeitsmediummassenstroms bei den varrierenden Betriebspunkten kann
mit der folgenden Skalierungsmethode erfolgen.

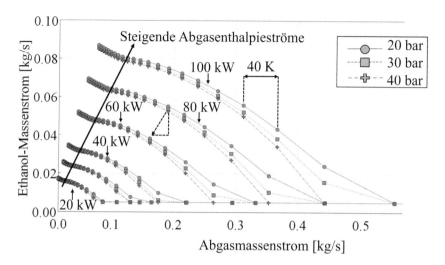

Abbildung 3.40: Vorsteuerungskennlinien für Massenstrom des Arbeitsmediums (AGR-Verdampfer)

Bei einem vorgegebenen Abgasenthalpiestrom kann der Massenstrom des Arbeitsmediums entweder mit Abgastemperatur oder mit Abgasmassenstrom mittels der Kennliniekurve bestimmt werden. In dem WHR-Systemmodell werden die Kurven von 80 kW als Referenz bei dem AGR-Verdampfer implementiert. Bei der Simulation eines Betriebspunktes wird die Abgastemperatur aus Motormodell auf der Referenzkurve gesucht. Damit wird der Referenzmassenstrom des Arbeitsmediums $\dot{m}_{Am,\,ref}$ festgelegt. Der dem Betriebspunkt zugehörigen tatsächlichen Arbeitsmediummassenstrom wird nach Gl. 3.42, die das geometrische Verhältnis von den Kurven beschreibt, mit dem tatsächlichen Abgasenthalpiestrom am Einlass des Verdampfers h_{BP} berechnet.

$$\dot{m}_{Am,BP} = \frac{h_{BP}}{h_{ref}} \cdot \dot{m}_{Am,ref} \qquad \text{Gl. 3.42}$$

Die Darstellung für die Vorsteuerungskennlinien von dem AGT-Verdampfer ist im Anhang A.3 zu finden.

3.3.3 Simulation mit WHR-Systemmodell

Um einen Überblick über den Betriebsverhalten des konzipierten WHR-Systems zu verschaffen, wird eine Simulation für den stationären Betrieb des Integrationssystems, d.h. Motor mit dem integrierten WHR-System, durchgeführt.

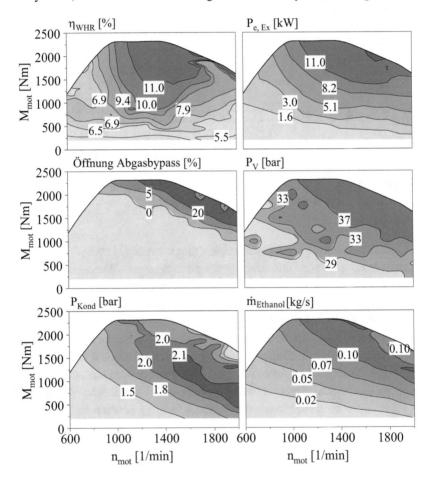

Abbildung 3.41: Simulationsergebnisse mit WHR-Systemmodell

Bei der Simulation wird das aufgestellte WHR-Systemmodell mit dem Modell des zweistufig aufgeladenen Motors gekoppelt. Die in Abschnitt 3.2.2

berechneten Kühlungspotententiale werden als die Randbedingungen bei dem WHR-Systemmodell eingesetzt. In Abbildung 3.41 sind die Simulationsergebnisse dargestellt. Der höchste Wirkungsgrad des WHR-Systems von ca. 11 % befindet sich im mittleren Drehzahlbereich bei mittlerer bis höherer Last. Die größte Ausgangsleistung der Expansionsturbine im gesamten Kennfeld beträgt ca. 11 kW. Das Abgasbypass bei der AGT-Strecke wird aufgrund der Kühlungspotentiale des Kühlsystems bei den meisten Betriebspunkten geschlossen und nur im hohen Drehzahlbereich in der Nähe der Volllast bis 20 % der maximalen Öffnungsfläche geöffnet. Der Verdampfungsdruck variiert in dem Kennfeld von ca. 30 bar bis 40 bar. Die Kondensation des Arbeitsmediums findet unter variierendem Kondensationsdruck von ca. 1,5 bar bis 2,2 bar bei den eingesetzten Kühlungsbedingungen statt. Das letzte Bild in Abbildung 3.41 hat gezeigt, dass die Verläufe der Massenströme des Arbeitsmediums abhängig von der Motorlast sind.

In diesem Abschnitt sind ausschließlich die relevanten Simulationsergebnisse für das WHR-System dargestellt. In Abschnitt 5.2, Kapitel 5 sind noch die Berechnungsergebnisse der spezifischen Kraftstoffverbräuche und NO_x-Rohemissionen zu zeigen.

3.4 Fahrzyklussimulation mit Motormodell

Der Vergleich unterschiedlicher Antriebssysteme erfolgt mit Hilfe von Fahrzyklus. Um eine Basis für den späteren Vergleich zwischen dem Integrationssystem und dem Motor zu schaffen, wird Fahrzyklussimulation mit dem zuvor erstellten Motormodell durchgeführt.

Vor allem werden die entnormierten stationären Betriebspunkten des WHSC-Zyklus, vgl. Tabelle 3.8, mit dem Motormodell Simuliert. Der Betriebspunkt für Motor im Schleppbetrieb und die zwei nicht in Betrieb genommenen Punkte werden bei der Berechnung nicht berücksichtigt. Die Profile von Motordrehzahl und -drehmoment des transienten WHTC-Zyklus werden mit Entnormierung nach [66] erzeugt. Durch Vorgabe der Drehzahl- und Drehmomentprofile bei dem Motormodell wird die Simulation für WHTC-Zyklus durchgeführt. Im

Anhang A.4 werden die Simulationsergebnisse der normierten spezifischen Kraftstoffverbräuche und NO_x-Rohemissionen gezeigt.

Die spezifischen Kraftstoffverbräuche und Emissionen im Zyklus werden mit Gl. 2.18 und Gl. 2.19 bestimmt. Bei dem WHSC-Zyklus muss die definierte Testdauer des jeweiligen Betriebspunktes berücksichtigt werden. Die Gl. 2.18 und Gl. 2.19 werden für WHSC-Zyklus mit den 11 WHSC-Betriebspunkten (engl. operating point, O = 11) wie folgt erweitert:

$$b_{e,WHSC} = \frac{m_B}{W_{WHSC}} = \frac{3600[\frac{s}{h}] \cdot \sum_{o=1}^{O} t_{Phase}[s] \cdot \dot{m}_{B,o}[\frac{g}{s}]}{\sum_{o=1}^{O} t_{Phase}[s] \cdot P_{e,o}[kW]} \qquad \text{Gl. 3.43}$$

$$e_{WHSC} = \frac{m_e}{W_{WHSC}} = \frac{3600[\frac{s}{h}] \cdot \sum_{o=1}^{O} t_{Phase}[s] \cdot \dot{m}_{B,o}[\frac{g}{s}]}{\sum_{o=1}^{O} t_{Phase}[s] \cdot P_{e,o}[kW]} \qquad \text{Gl. 3.44}$$

Tabelle 3.11: Simulationsergebnisse der spezifischen Kraftstoffverbräuche und Rohemissionen des Motors in WHSC- und WHTC-Zyklus

BP Nr. / Zyklus	n_{mot} [1/min]	M_{mot} [Nm]	b_e [g/kWh]	NO_x [g/kWh]	Ruß [g/kWh]
1	1310	2309	194,4	2,49	0,0173
2	1310	577	209,0	4,58	0,0070
3	1310	1616	191,4	2,51	0,0072
4	1052	2309	189,2	5,01	0,0037
5	923	577	200,1	7,76	0,0047
6	1181	1616	190,1	3,37	0,0046
7	1181	577	205,1	4,95	0,0072
8	1310	1154	194,5	1,94	0,0117
9	1568	2309	201,8	2,99	0,3147
10	1052	1154	194,1	8,53	0.0009
11	1052	577	201,8	5,16	0,0112
WHSC-Gesamt	–	–	197,8	2,56	0,011
WHTC	–	–	216,6	2,93	0,0027

In Tabelle 3.11 sind die Simulationsergebnisse der spezifischen Kraftstoff-verbräuche und Rohemissionen des Motors in WHSC- und WHTC-Zyklus aufgelistet.

Die Abbildung 3.42 hat die zeitliche Häufigkeitsverteilung der Drehzahl-Drehmoment-Kombinationen im WHTC-Zyklus und die Betriebspunkte des WHSC-Zyklus im Motorkennfeld gezeigt.

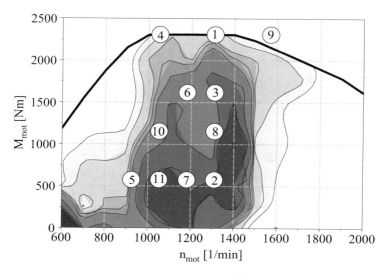

Abbildung 3.42: Zeitliche Häufigkeitsverteilung der Drehzahl-Drehmoment-Kombinationen im WHTC-Zyklus und Betriebspunkte des WHSC-Zyklus im Motorkennfeld

Der WHTC-Zyklus steht primär für die Prüfung des Verbrennungsmotors zur Verfügung. Bei den Untersuchungen des Gesamtsystems mit dem integrierten WHR-System im transienten Betrieb ist der WHTC-Zyklus nicht geeignet, da bei dem die Drehzahlen und Drehmomente ohne Berücksichtigung der Fahrzeuggeschwindigkeit definiert werden. Das Motorkühlsystem wird als die Wärmesenke des WHR-Systems verwendet. Die Motorwärme- sowie Konden-sationswärmeabfuhr findet in den Wärmeaustauschern des Kühlsystems statt. Die Wärmeabfuhr ist von der Fahrzeuggeschwindigkeit, die den Wärmeüber-gangskoeffizient der Luftseite von Wärmeaustauschern beeinflusst, abhängig.

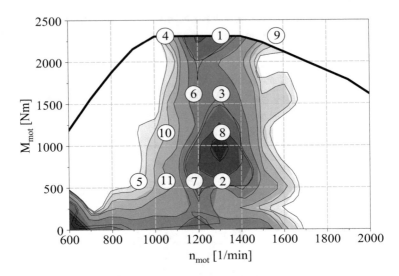

Abbildung 3.43: Zeitliche Häufigkeitsverteilung der Drehzahl-Drehmoment-
Kombinationen im WHVC-Zyklus und Betriebspunkte
des WHSC-Zyklus im Motorkennfeld

Ausgehend von dieser Tatsache muss der WHVC-Zyklus, der in Abschnitt 2.1.6
bereits vorgestellt wurde, für die transiente Simulation des Gesamtsystems verwendet. Um die Drehzahl- und Lastanforderungen für den Verbrennungsmotor
aus dem Fahrzeuggeschwindigkeitsprofil des WHVC-Zyklus zu generieren,
wird ein Längsdynamikmodell des Fahrzeugs benötigt. Ein virtuelles Nutzfahrzeugmodell wurde in einer im Rahmen des Projekts betreuten Studentenarbeit
[104] aufgestellt. Die für die Modellierung benötigen Kenndaten des Nutzfahr-
zeugs wurden durch Literaturrecherche bestimmt und teilweise abgeschätzt.
Eine Schaltstrategie wurde zwecks eines verbrauchsgünstigen Motorbetriebs
entwickelt. Die Gesamtmasse des Fahrzeugs einschließlich der Zuladung beträgt 40 t. Im Anhang A.5 ist dieses virtuelle Nutzfahrzeugmodell in GT-Suite
dargestellt.

Mit den aus Längsdynamikmodell resultierenden Drehzahl- und Lastprofi-
len (vgl. Abbildung 5.7, Abschnitt 5.3, Kapitel 5) wird eine grafische Darstellung für die Zeitliche Häufigkeitsverteilung der Drehzahl-Drehmoment-
Kombinationen in WHVC-Zyklus im Motorkennfeld, Abbildung 3.43, erstellt.

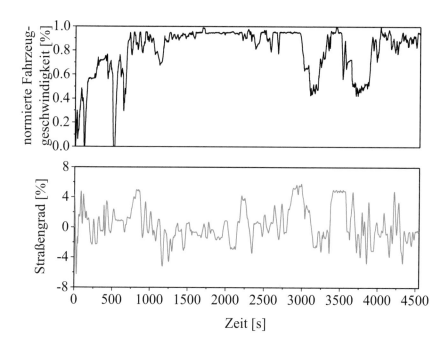

Abbildung 3.44: Geschwindigkeitsprofil (normiert) und Straßengrad des Kundenzyklus

Eine Simulation mit dem Motormodell für den WHVC-Simulation wird durch Vorgabe der Drehzahl- und Lastprofile durchgeführt. Die Berechnung der Motorkühlung erfolgt dabei mit dem Kühlkreislaufmodell durch Vorgabe des Geschwindigkeitsprofils des WHVC-Zyklus.

Für die Untersuchung steht zudem ein Kundenzyklus zur Verfügung. Bei dem Kundenzyklus handelt es sich um eine Fahrstrecke von Ditzingen in Stuttgart nach Ulm mit einer Zyklusdauer von 4550 s und einer Streckenlänge von 104 km. In Abbildung 3.44 sind die normierte Fahrzeuggeschwindigkeit und der Straßengrad über die Fahrstrecke des Kundenzyklus dargestellt. Mit dem Kundenzyklus wird eine Bewertung zu dem mit WHR-System integrierten Gesamtsystem hinsichtlich der Kraftstoffverbräuche und Emissionen unter realen Fahrbedingungen ermöglicht.

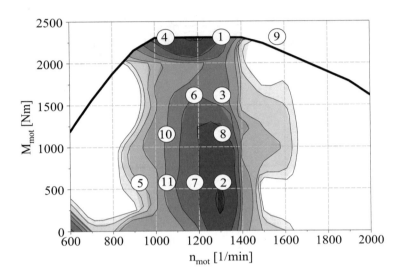

Abbildung 3.45: Zeitliche Häufigkeitsverteilung der Drehzahl-Drehmoment-
Kombinationen im Kundenzyklus und Betriebspunkte
des WHSC-Zyklus im Motorkennfeld

Durch Vorgabe von den Geschwindigkeits- und Straßengradprofilen bei dem
Längsdynamikmodell werden die Drehzahl- und Lastanforderungen berechnet. In Abbildung 3.45 sind die Zeitliche Häufigkeitsverteilung der Drehzahl-
Drehmoment-Kombinationen in diesem Kundenzyklus und die Betriebspunkte
des WHSC-Zyklus dargestellt. Eine Simulation mit dem Motormodell für den
Kundenzyklus wird durchgeführt. Gleich wie bei der Simulation des WHVC-
Zyklus werden die Kühlmitteltemperaturen und -massenströme zur Motorkühlung mit dem Kühlkreislaufmodell berechnet und bei dem Motormodell
vorgegeben. Die Simulationsergebnisse von den Fahrzyklen sind in Abschnitt
5.3, Kapitel 5 zu finden.

Mit den Darstellungen der zeitlichen Häufigkeitsverteilung der Betriebspunkte
in den Zyklen wird es nachgewiesen, dass der Betriebspunkt Nr. 8, der im vorangehenden Abschnitt als Auslegungspunkt für das WHR-System gewählt wurde,
den Hauptfahrbereich der Fahrzyklen repräsentiert. Bei den nachfolgenden
Untersuchungen wird dieser Betriebspunkt weiter betrachtet.

4 Wechselwirkung der Subsysteme

Bei dem integrierten System steht das WHR-System durch thermische und mechanische Kopplung in enger Wechselwirkung mit dem Verbrennungsmotor. Der Verbrennungsmotor mit einem Abgaswärmeangebot dient als die Wärmequelle für das WHR-System. Die Auswirkung dieses Wärmeangebots auf das WHR-System wurde bereits bei der Entwicklung der Vorsteuerung für den Massenstrom des Arbeitsmediums im letzten Kapitel, vgl. Abschnitt 3.3.2, gezeigt. Der Massenstrom des Arbeitsmediums wird in Abhängigkeit von der Abgasenthalpie variiert und bestimmt den Druck und die Temperatur der Verdampfung sowie den Wirkungsgrad der Expansionsturbine. Das vorliegende Kapitel geht näher auf die Wechselwirkungen zwischen dem WHR-System und dem Motor ein. Die Untersuchungen verfolgen zwei Ziele: einerseits werden die Wechselwirkungen der Subsysteme anhand des in dieser Arbeit modellierten WHR-Systems bei den ausgewählten Betriebspunkten qualitativ bewertet, andererseits sollen die Untersuchungsergebnisse eine Orientierung aus Motorseite für die Auslegung des künftigen WHR-Systems geben.

In diesem Kapitel wird vor allem die in Abschnitt 2.1.1 bereits vorgestellte äußere Energiebilanz in Bezug auf das integrierte System ausführlich betrachtet. Die Darstellung der äußeren Energiebilanz des integrierten Systems wird als Hilfsmittel für die Untersuchung der Wechselwirkung der Subsysteme eingesetzt. Anschließend werden die einzelnen Auswirkungen des WHR-Systems auf den Motor diskutiert. Als nächstes wird die Wechselwirkung der Subsysteme anhand der Darstellung der äußeren Energiebilanz des integrierten Systems mit Variation der motorischen Betriebsparameter untersucht. Bei den Untersuchungen werden verschiedene Motor-Turbolader-Kombinationen berücksichtigt und miteinander verglichen.

K. Yang, *Simulative Untersuchung zur Effizienzsteigerung des Nutzfahrzeugantriebs mittels eines auf Rankine-Prozess basierenden Restwärmenutzungssystems*, Wissenschaftliche Reihe Fahrzeugtechnik Universität Stuttgart, https://doi.org/10.1007/978-3-658-43655-1_4

4.1 Äußere Energiebilanz des integrierten Systems

Bei der Untersuchung der Abgaswärmenutzung ist eine Analyse der äußeren Energiebilanz des integrierten Systems hilfreich. Zum einen kann die Energiebilanz den jeweiligen Energiestrom des Systems übersichtlich aufzeigen. Zum anderen ermöglicht es einen Vergleich unterschiedlicher Motorkonzepte. Sowohl für die Untersuchung des Potentials des Wärmeangebots als auch zur Bewertung des Betriebsverhaltens von einem bestimmten Restwärmnutzungssystem kann die Bilanzierung durchgeführt werden.

Die äußere Energiebilanz des integrierten Systems wird am Beispiel von dem WHSC-Betriebspunkt Nr. 8 mit der Motordrehzahl von 1310 1/min und dem Motordrehmoment von 1154 Nm erläutert. Bei den zugrundeliegenden Daten für die Darstellung der Energiebilanz handelt es sich um die Simulationsergebnisse mit einem Modell des integrierten Systems, das durch Kopplung von den Modellen jeweils für den Basismotor und das WHR-Systemmodell erstellt wird. Bei der Modellkopplung wird der AGR-Kühler durch den AGR-Verdampfer ersetzt. Bei dem AGR-Verdampfer entfällt das Flatterventil. Der AGT-Verdampfer ist hinter der Abgasklappe angeordnet. Die von der Expansionsturbine abgegebene Leistung wird dem Motor zugeführt und unterstützt bei der Erfüllung der Lastanforderung. Die eingespritzte Kraftstoffmenge, die AGR-Rate und der Ladedruck werden mit den applizierten Regelungen geregelt. Die Simulation wird bei einer Umgebungstemperatur von 25 °C durchgeführt.

Die äußere Energiebilanz des integrierten Systems lässt sich unter Berücksichtigung von allen dem System zugeführten und verlassenen Energieströmen mit Gl. 4.1 beschreiben:

$$\dot{Q}_B + \underbrace{\dot{H}_L + \Delta \dot{H}_{LL}}_{= 0} = \underbrace{P_e + \dot{Q}_{KM} + \dot{Q}_{AGK}}_{Brennraum}$$

$$= P_e + \dot{Q}_{KM} + \underbrace{\dot{Q}_{vT} + \dot{Q}_{AGR} + \dot{Q}_{AGT}}_{\dot{Q}_{AGK}}$$

$$= P_e + \dot{Q}_{KM} + \dot{Q}_{vT} + \underbrace{\dot{Q}_{Kond} + \dot{Q}_{Abg,Rest} + P_{e,T,WHR}}_{\dot{Q}_{AGR+AGT}}$$

$$= P_e + \dot{Q}_{KM} + \underbrace{\dot{Q}_{OF} + P_{e,T}}_{\dot{Q}_{vT}} + \dot{Q}_{Kond} + \dot{Q}_{Abg,Rest} + P_{e,T,WHR}$$

$$= P_e + \dot{Q}_{KM} + \dot{Q}_{OF} + \underbrace{\dot{Q}_{LLK} + \Delta\dot{H}_{LL} + \dot{Q}_{V,Verl}}_{P_{e,T}} +$$

$$\dot{Q}_{Kond} + \dot{Q}_{Abg,Rest} + P_{e,T,WHR} \qquad\qquad \text{Gl. 4.1}$$

$$\dot{Q}_B + \cancel{\Delta\dot{H}_{LL}} = P_e + \dot{Q}_{KM} + \dot{Q}_{OF} + \dot{Q}_{LLK} + \cancel{\Delta\dot{H}_{LL}} + \dot{Q}_{V,Verl} +$$

$$\dot{Q}_{Kond} + \dot{Q}_{Abg,Rest} + P_{e,T,WHR} \qquad\qquad \text{Gl. 4.2}$$

Die Terme auf der linken Seite von Gl. 4.1 stellen die dem System zugeführten Energieströme dar, zu denen die im Kraftstoff chemisch gebundene Energiemenge $\dot{Q}_B$ und der Frischluftenthalpiestrom $\dot{H}_L$ gehören. Bei der Umgebungstemperatur von 25 °C, die der Standardbedingung entspricht (vgl. Abschnitt 2.1.1), entfällt der Frischluftenthalpiestrom. Obwohl die durch Aufladung erhöhte Luftenthalpie $\Delta\dot{H}_{LL}$ innerhalb des Systems entsteht, wird sie hierbei auf der linken Seite der Gleichung gestellt und später bei dem Ableiten noch eliminiert. Die dem System verlassenen Energieströme werden auf der rechten Seite von Gl. 4.1 geschrieben.

Die erste Reihe auf der rechten Seite der Gl. 4.1 gilt wesentlich für die innere Energiebilanz des Motors. Die im Kraftstoff chemisch gebundene Energie wird in dem Brennraum durch Verbrennung freigesetzt. Neben der über die Kurbelwelle abgegebenen effektiven Motorleistung P_e werden die Wandwärme $\dot{Q}_{KM}$ mit dem Kühlmittel und die übrigen Energien $\dot{Q}_{AGK}$ mit dem Abgas aus dem Brennraum abgeführt.

Der Abgasenthalpiestrom ist in drei Teile aufgespalten: Abgasenthalpiestrom durch die AGR-Strecke $\dot{Q}_{AGR}$, Abgasenthalpiestrom nach der NT-Turbine $\dot{Q}_{AGT}$ und die übrige Abgaswärme $\dot{Q}_{vT}$. Hierbei wird der letztere Teil mit „vT, vor Turbine" bezeichnet, welches nicht den gesamten Energiestrom vor der HD-Turbine sondern den hauptsächlich von der Turbine ausgenutzten Energiestrom darstellt. Die AGR- und AGT-Wärme werden mithilfe von dem WHR-System in WHR-Turbinenleistung $P_{e,T,WHR}$ und Kondensationswärme $\dot{Q}_{Kond}$ umgewandelt. Die Kondensationswärme wird über das Kühlsystem abgeführt. Da das AGR-Abgas nach dem Wärmeaustausch in den Brennraum zurückgeführt wird, gilt der Term $\dot{Q}_{Abg,Rest}$ lediglich für die nach dem Wärmeaustausch über die AGT-Strecke abgeführte Abgasrestwärme.

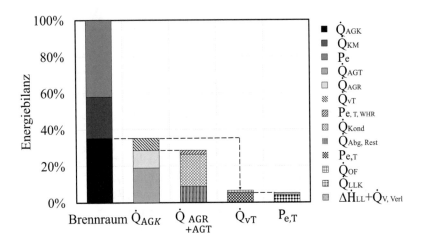

Abbildung 4.1: Äußere Energiebilanz des integrierten Systems von dem zweistufig aufgeladenen Motor und WHR-System im WHSC-
Betriebspunkt Nr. 8 bei $n_{Mot}=1310 \frac{1}{min}$, $M_{Mot}=1154$ Nm

Der Hauptteil von $\dot{Q}_{VT}$ wird von dem Abgasturbolader genutzt und in Turbinenleistung $P_{e,T}$ umgewandelt. Von dem Abgaskrümmer bis Eintritt der Abgasturbine entstehen trotz der Isolierung unvermeidlich die Oberflächenwärmeverluste
$\dot{Q}_{OF}$.

Bei stationärem Motorbetrieb stehen die vom Lader aufgenommene Leistung
und die von der Turbine abgegebene Leistung im Gleichgewicht. Unter Berücksichtigung von dem Verdichterwirkunggrad und dem Einsatz der zwei
Ladeluftkühler ist die Turbinenleistung bzw. Verdichterleistung in über die Ladeluftkühler abgeführte Wärme $\dot{Q}_{LLK}$, erhöhte Luftenthalpie $\Delta\dot{H}_{LL}$ und Verluste
des Verdichters unterteilt.

In Abbildung 4.1 ist die oben beschriebene äußere Energiebilanz des integrierten
Systems schematisch dargestellt. Bei den nachfolgenden Untersuchungen zu
den Auswirkungen des WHR-Systems auf den Motor und zum Einfluss der

motorischen Betriebsparameter auf das integrierte System wird die äußere Energiebilanz weiter als Hilfsmittel für Analyse eingesetzt.

4.2 Diskussion der motorischen Wechselwirkung

Die Integration des WHR-Systems mit dem Verbrennungsmotor hat grundsätzlich die folgenden Auswirkungen auf den Motor:

- Betriebspunktsverschiebung

- Änderung der Ansaugtemperatur

- Erhöhung des Abgasgegendrucks

- Änderung der Druckverluste der AGR-Strecke

Betriebspunktsverschiebung

Die mechanische Kopplung der Turbine des WHR-Systems mit der Kurbelwelle des Verbrennungsmotors ermöglicht eine Reduzierung des Drehmoments von dem betrachteten Betriebspunkt bei gleicher Leistungsanforderung. Dabei wird ein Teil der Leistung, die ursprünglich von dem Verbrennungsmotor bereitstellen soll, durch die zusätzliche Leistung aus WHR-System ersetzt. Der tatsächliche Betriebspunkt des Verbrennungsmotors wird zu einem neuen reduzierten Drehmoment bei gleicher Drehzahl verschoben. Dies erfolgt solange bis die Summe aus WHR- und Motorleistung die ursprünglich geforderte Leistung erfüllt. Die Randbedingungen für das WHR-System, z.B. die Abgastemperatur, der Abgasmassenstrom, die Kühlmitteltemperatur und der Kühlmittelmassenstrom, entsprechen dem neuen Betriebszustand des Verbrennungsmotors nach der Betriebspunktsverschiebung. Mit der Betriebspunktsverschiebung wird der Kraftstoffverbrauch aufgrund der geringer eingespritzten Kraftstoffmenge reduziert, was das Ziel für Verwendung des WHR-Systems bei dem Verbrennungsmotor ist.

Änderung der Ansaugtemperatur

Beim Ersatz des AGR-Kühlers durch AGR-Verdampfer wird die Temperatur des zurückgeführten Abgases je nach der Auslegung und dem aktuellen Betriebszustand des WHR-Systems geändert. Durch Zumischung des Abgases in das Saugrohr wird die Ansaugtemperatur im Vergleich mit dem Wert beim Einsatz des ursprünglichen AGR-Kühlers geändert. Mit der vorhandenen Luftpfadregelung (vgl. Abschnitt 3.1.1, Kapitel 3) bleiben der Frischluftmasstrom und der Ladedruck für einen betrachteten Betriebspunkt konstant. Die Änderung der Ansaugtemperatur beeinflusst auf den zurückgeführten AGR-Massenstrom und damit die NO_x-Emissionen. Weiterhin wird die Gastemperatur im Brennraum von der Saugrohrtemperatur und der Temperaturdifferenz zwischen Gas und Motorstruktur, beeinflusst. Die übrigen Teile der inneren Energiebilanz, Motorleistung und Abgasenthalpie, werden damit entsprechend geändert. Um der Ladedruck konstant zu halten, wird die Stelleinrichtung des Turboladers -bei Waste-Gate-Turbolader das Bypassventil und bei VTG die Leitschaufeln- verstellt. Damit ändert sich der Abgasgegendruck, der zu einer Änderung der Ladungswechselverluste führt.

Falls die AGR-Rate und der Ladedruck, unabhängig von der aktuell eingesetzten Luftpfadregelung, konstant gehalten werden, ändert sich der Frischluftmassenstrom mit der geänderten Saugrohrtemperatur. Dies wirkt sich auf die Zylinderladung und die Motorleistung aus. Eine detaillierte Untersuchung zu den Einflüssen der Ansaugtemperatur auf die Energiebilanz des Motors unter den konstanten AGR-Raten und Ladedruck wird im folgenden Abschnitt mit Hilfe von Variationsuntersuchungen durchgeführt.

Erhöhung des Abgasgegendrucks

Der AGT-Verdampfer stellt ein Hindernis für den Verbrennungsmotor dar, da er im Abgasstrang eine erhöhte Drosselung des Abgasmassenstroms verursacht. Falls die Unterkühlung nicht ausreichend ist, entstehen darüber hinaus noch die Drosselverluste in dem Abgasbypassventil für die AGT-Abgasbypassstrecke des WHR-Systems (siehe Abschnitt 3.3.1, Kapitel 3). Der Abgasgegendruck erhöht sich mit dem zusätzlichen Strömungswiderstand im Abgasrohr. Es verhindert die Ausströmung der Abgase während der Ausschiebephase. Als Folge davon nimmt die Ladungswechselarbeit zu und es hat einen negativen Einfluss auf den

Kraftstoffverbrauch. Des Weiteren erhöht sich die interne AGR bei den festen
Steuerzeiten aufgrund des zunehmenden Abgasgegendrucks.

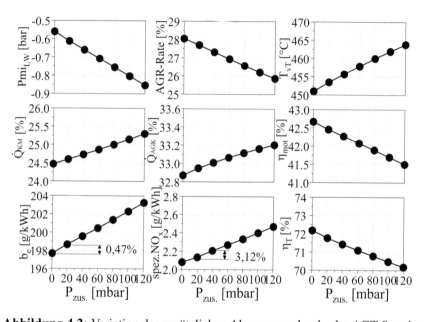

Abbildung 4.2: Variation des zusätzlichen Abgasgegendrucks der AGT-Strecke
bei dem mit 1-stufig-ATL-VTG aufgeladenen Motor im
WHSC-Betriebspunkt Nr. 8 bei n_{Mot}=1310 $\frac{1}{min}$, M_{Mot}=1154
Nm

Zur Veranschaulichung der Einflüsse des erhöhten Abgasgegendrucks der AGT-
Strecke auf den Verbrennungsmotor wird eine Untersuchung mit Variation eines
zusätzlichen Abgasgegendrucks, der nach der Turbine des Abgasturboladers
(bei dem zweistufigen Turbolader nach der ND-Turbine) hinzugefügt wird,
durchgeführt. Bei der Variation wird die Einspritzmenge konstant gehalten.
Die applizierte Luftpfadregelung wird bei der Simulation beibehalten. Der
Öffnungswinkel der Abgasklappe der AGT-Strecke bleibt während der Variation
des zusätzlichen Abgasgegendrucks unverändert. Bei den Untersuchungen
werden die verschiedenen Abgasturbolader, die im letzten Kapitel abgestimmt
wurden, berücksichtigt.

Vor allem wird die Variante von Motor mit dem 1-stufig-ATL-VTG betrachtet. Der zusätzlicher Abgasgegendruck variiert in Schritten von 20mbar im Bereich von 0 mbar bis 120 mbar, wobei 0 mbar dem Fall von Motor ohne zusätzlichen Abgasgegendruck entspricht. In Abbildung 4.2 sind die Simulationsergebnisse für den WHSC-Betriebspunkt Nr. 8 dargestellt.

Mit dem ansteigenden zusätzlichen Abgasgegendruck der AGT-Strecke erhöht sich der Abgasgegendruck vor der Turbine durch Schließen der Leitschaufeln, die den Ladedruck konstant verstellen. Die Ladungswechselarbeit $P_{mi_{LW}}$, wie bereits erwähnt, nimmt damit zu. Das treibende Druckgefälle zwischen Abgas- und Ladeluftseite wird bei dem konstant gehaltenen Ladedruck vergrößert. Dies hat zur Folge, dass die AGR-Rate mit dem ansteigenden zusätzlichen Abgasgegendruck der AGT-Strecke zunimmt, falls die AGR-Ventilstellung konstant gehalten wird. Mit der applizierten Luftpfadregelung wird das AGR-Ventil jedoch entsprechend der Anforderung des Frischluftmassenstroms verstellt. Der Zielwert des Frischluftmassenstroms für den Betriebspunkt ist von dem Vorsteuerungskennfeld festgelegt. Um den geforderten Frischluftmassenstrom zu erzielen, reduziert die AGR-Rate durch Schließen des AGR-Ventils mit dem zunehmenden Abgasgegendruck. Die reduzierte AGR-Rate führt zu einer steigenden Verbrennungs- und Abgastemperatur und der erhöhten Temperaturdifferenz zwischen Gas- und Motorstruktur. Die Wandwäme und der Abgasenthalpiestrom nehmen damit zu. Dies hat einen abfallenden Motorwirkungsgrad und einen steigenden spezifischen Kraftstoffverbrauch zur Folge. Aus den Simulationsergebnissen ergibt sich ein prozentualer Anstieg um ca. 0,47 % in Bezug auf den spezifischen Kraftstoffverbrauch bei 0 mbar je Erhöhung des zusätzlichen Abgasgegendrucks um 20 mbar. Mit der reduzierten AGR-Rate steigt die NO_x-Emission an. Eine prozentuale Zunahme um ca. 3,12 % in Bezug auf die NO_x-Emission bei 0 mbar wird je Erhöhung des zusätzlichen Abgasgegendrucks um 20 mbar erhalten.

Der Anstieg des zusätzlichen Abgasgegendrucks führt zur Verschlechterung des Turbinenwirkungsgrads. Beim Umstellen der Gl. 3.24 nach dem Turbinenwirkungsgrad η_T ergibt sich folgende mathematische Formulierung:

$$\underbrace{\eta_T}_{\downarrow} = \frac{\overbrace{M_T \cdot \omega_{turbo}}^{= konst.}}{\underbrace{\dot{m}_T}_{= konst.} \cdot \underbrace{c_p}_{\uparrow} \cdot \underbrace{T_{vT}}_{\uparrow} \cdot \underbrace{\left(1 - \Pi_T^{-\frac{\kappa-1}{\kappa}}\right)}_{= konst.}} \qquad \text{Gl. 4.3}$$

Da der Luftmassenstrom und der Ladedruck bei der Variation des zusätzlichen Abgasgendrucks konstant sind, bleibt die Verdichterleistung unverändert. Nach Gl. 3.23 sind die im Zähler der Gl. 4.3 stehenden Parameter konstant. Das Turbinendruckverhältnis Π_T hängt von den Abgasmassenströmen durch Turbine ab. Aufgrund der konstanten Abgasmassenströme $\dot{m}_T$ bei der Variation ist Π_T auch konstant. Eine Zunahme der Abgastemperatur und -wärmekapazität vor der Turbine hat eine umgekehrt proportionale Abnahme des Turbinenwirkungsgrads zur Folge.

Abbildung 4.3 zeigt die Simulationsergebnisse bei Variation des Abgasge-gendrucks der AGT-Strecke für die Variate von 2-stufig-ATL-WG. Während das Schließen der Leitschaufeln bei der Variante von 1-stufig-ATL-VTG die Ladedruckanforderung erfüllt, reduziert der Ladedruck bei der Variante von 2-stufig-ATL-WG aufgrund der fixierten Geometrie der Turbine sowie des Gehäuses mit zunehmendem zusätzlichen Abgasgegendruck. Bei der Variati-on wird das Bypassventil bereits ständig geschlossen, damit die Möglichkeit für eine weitere Regelung des Ladedrucks ausgeschlossen ist. Um den Fri-schluftmassenstrom konstant zu halten, wird die AGR-Rate durch Schließen des AGR-Ventils reduziert.

Nach der thermischen Zustandsgleichung Gl. 4.4 führt der abfallende Lade-druck zur reduzierten Saugrohrtemperatur. Mit abnehmender Saugrohrtempera-tur fallen die Verbrennungs- und Abgastemperaturen ab, falls die AGR-Rate konstant gehalten wird. Bei der vorliegenden Untersuchung wird der Einfluss der Saugrohremperatur auf die Verbrennungs- und Abgastemperaturen von der Auswirkung der reduzierten AGR-Rate überstiegen.

$$T = P \cdot \underbrace{\frac{V}{R \cdot m}}_{= konst.} \qquad \text{Gl. 4.4}$$

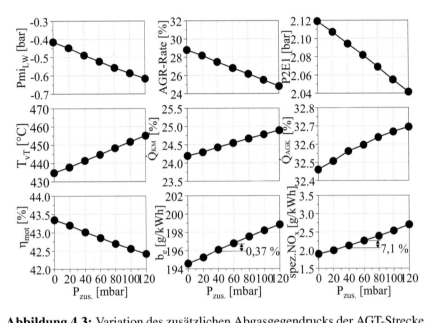

Abbildung 4.3: Variation des zusätzlichen Abgasgegendrucks der AGT-Strecke bei dem mit 2-stufig-ATL-WG aufgeladenen Motor im WHSC-Betriebspunkt Nr. 8 bei $n_{Mot}=1310 \frac{1}{min}$, $M_{Mot}=1154$ Nm

Im Vergleich mit 1-stufig-ATL-VTG ergeben sich geringere Ladungswechsel-verluste bei 2-stufig-ATL-WG mit zunehmendem zusätzlichen Abgasgegen-druck. Die Verläufe von Wandwärme, Abgasenthalpiestrom, Motorwirkungs-grad, Kraftstoffverbrauch und NO_x-Emission sind ähnlich wie bei der Variante von 1-stufig-ATL-VTG.

Die Auswirkungen des variierenden zusätzlichen Abgasgegendrucks der AGT-Strecke auf den Verbrennungsmotor bei der Variante von 1-stufig-ATL-WG sind mit denen bei der Variante 2-stufig-ATL-WG vergleichbar, wie sie in Abbildung 4.4 dargestellt sind.

Da nur ein Abgasturbolader für Aufladung des Motors zur Verfügung steht, weist die Variante 1-stufig-ATL-WG während der Variation im Vergleich mit dem 2-stufig-ATL-WG geringere Ladungswechselverluste auf. Darüber hinaus liegt ein offensichtlicher Unterschied in dem Verlauf der Abgasenthalpieströme $\dot{Q}_{AGK}$. Bei der Variante 1-stufig-ATL-WG bleibt der Abgasenthalpiestrom konstant, damit der Anstieg der Wandwärme und der Abfall des Motorwirkungsgrads im Gleichgewicht stehen.

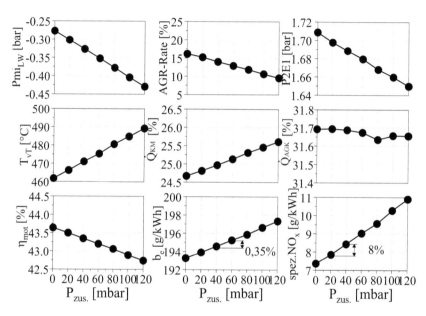

Abbildung 4.4: Variation des zusätzlichen Abgasgegendrucks der AGT-Strecke bei dem mit 1-stufig-ATL-WG aufgeladenen Motor im WHSC-Betriebspunkt Nr. 8 bei $n_{Mot}=1310\ \frac{1}{min}$, $M_{Mot}=1154$ Nm

Um die Auswirkung eines zusätzlichen Abgasgegendrucks der AGT-Strecke auf den Kraftstoffverbrauch und die NO_x-Emission quantitativ zu bewerten, werden die oben aufgeführten Variationsrechnungen bei allen Betriebspunkten im WHSC-Zyklus durchgeführt. In Tabelle 4.1 werden die prozentualen Anstiege der spezifischen Kraftstoffverbräuche und der NO_x-Rohemissionen in Bezug auf ihre Werte bei 0 mbar je Erhöhung des zusätzlichen Abgasgegendrucks um 20 mbar für die 11 Betriebspunkte im WHSC-Zyklus und die drei Varianten von Aufladekonzepten aufgelistet. Die Ergebnisse aus Tabelle 4.1 können als eine Orientierung für künftige Auslegung der AGT-Strecke eines auf Rankine-Prozess basierenden WHR-Systems eingesetzt werden.

Tabelle 4.1: Verschlechterungen der spezifischen Kraftstoffverbräuche und NO_x-Emissionen je Erhöhung des zusätzlichen Abgasgegendrucks um 20 mbar für Betriebspunkte im WHSC-Zyklus

BP Nr.	1	2	3	4	5	6	7	8
n_{mot} [1/min]	1310	1310	1310	1052	923	1181	1181	1310
M_{mot} [Nm]	2309	577	1616	2309	577	1616	577	1154

BP Nr.	9	10	11
n_{mot} [1/min]	1568	1052	1052
M_{mot} [Nm]	2309	1154	577

BP Nr.	2-stufig-ATL-WG		1-stufig-ATL-WG		1-stufig-ATL-VTG	
	$\Delta\,b_e$	$\Delta\,NO_x$	$\Delta\,b_e$	$\Delta\,NO_x$	$\Delta\,b_e$	$\Delta\,NO_x$
	%	%	%	%	%	%
1	0,15	1,05	0,14	6,61	0,23	0,87
2	0,49	4.36	0,49	5,39	0,71	2,63
3	0,28	5,70	0,27	6,14	0,42	3,02
4	0,15	3,5	0,29	4,5	0,32	4,06
5	0,55	4,6	0,50	3,77	0,60	2,87
6	0,29	6,70	0,32	6,52	0,40	3,27
7	0,5	4,20	0,50	4,47	0,66	2,62
8	0,37	7,10	0,35	8,01	0,47	3,12
9	0,09	1,03	0,06	4,09	0,23	5,2
10	0,43	5,90	0,42	2,12	0,44	2,88
11	0,52	4,77	0,51	4,13	0,62	2,44

Änderung der Druckverluste der AGR-Strecke

Je nach der Struktur des AGR-Verdampfers entstehen die Druckverluste, die von denen in dem ursprünglichen AGR-Kühler abweichen können. Bei konstant bleibendem Ladedruck und Abgasgegendruck sowie fester AGR-Ventil-Stellung führt ein zunehmender Druckverlust über die AGR-Strecke zur Reduzierung der AGR-Rate. Falls die AGR-Rate und der Ladedruck konstant gehalten werden, wird ein höherer Abgasgegendruck bei zunehmendem Druckverlust gefordert. Der Druckverlust des in der vorliegenden Arbeit ausgelegten AGR-Verdampfers ist hauptsächlich mit dem des ursprünglichen AGR-Kühlers vergleichbar.

4.3 Variation der Motorbetriebsparameter

Die thermodynamischen Zustände innerhalb des Motors werden von Betriebsparametern eingestellt und haben großen Einfluss auf die Verbrennung. Daher wird das Betriebsverhalten des WHR-Systems von den Motorbetriebsparametern geprägt. Gleichzeitig resultieren Rückwirkungen des WHR-Systems auf die thermodynamischen Zustände des Motors. Um diese Wechselwirkung zu bewerten, werden die Untersuchungen mit Variationen der folgenden Betriebsparameter durchgeführt:

- Saugrohrtemperatur

- Ladedruck

- Abgasrückführungsrate

- Raildruck

- Haupteinspritzzeitpunkt

- Voreinspritzzeitpunkt und -menge

Bei den Untersuchungen wird der Motor mit den im letzten Kapitel vorgestellten unterschiedlichen Aufladungssystemen betrachtet. Unter Berücksichtigung verschiedener Kombinationen von dem Motor, den Aufladungssystemen und dem WHR-System stehen bei Variation des jeweiligen Betriebsparameters sechs Varianten der Systemkombinationen (3 Aufladungssysteme × mit/ohne WHR-System) zur Verfügung. Um den Umfang der Simulationsarbeit vernünftig zu begrenzen, werden die Untersuchungen ausschließlich bei dem Hauptfahrpunkt des Motors, WHSC-Betriebspunkt Nr. 8, durchgeführt.

Bei den Simulationen werden die physikalischen Modelle der verschiedenen Kombinationen von dem Motor, den Abgasturboladern und dem integrierten

WHR-System verwendet. Eine Umgebungstemperatur von 25 °C und die Kühlmitteltemperatur und -massenstrom, die aus den Kühlungspotentialkennfeldern
in Abbildung 3.34 (HT-Kreislauf, Fahrzeuggeschwindigkeit 80 km/h) entnommen werden, als Randbedingungen eingesetzt. Bei allen Variationen wird eine
konstante eingespritzte Kraftstoffmenge vorgegeben. Diese eingespritzte Kraftstoffmenge resultiert aus der Berechnung mit dem Modell von dem Motor mit
zweistufigem Aufladungssystem ohne Einsatz von WHR-System. Es bildet
sich damit eine einheitliche Bezugsgröße und ermöglicht einen einfachen Vergleich zwischen den Varianten. Die Angabe des Motordrehmoments dient als
Anhaltspunkt zur Einordnung der Untersuchungsergebnisse und stellt keine
konstant gehaltene Größe bei den Parametervariationen dar. Bei der Variation
des jeweiligen Parameters bleiben die anderen Parameter unverändert. Eine
Ausnahme davon ist die Saugrohrtemperatur. Die Saugrohrtemperatur wird von
der Abgastemperatur am Austritt des AGR-Kühlers (Motor ohne WHR-System)
oder -Verdampfers (Motor mit WHR-System) beeinflusst. Die Abgastemperatur
am Austritt des AGR-Verdampfers hängt von dem Betriebsverhalten des WHR-
Systems ab und kann nicht wie bei dem AGR-Kühler gezielt eingestellt werden.
Die Abgastemperatur am Austritt des AGR-Verdampfers wird daher nicht
konditioniert. Gleichermaßen wird die Abgastemperatur am Austritt des AGR-
Kühlers nicht konstant gehalten, um einen Vergleich zwischen AGR-Kühler und
-Verdampfer zu ermöglichen. Die konstant gehaltenen Parameter entsprechen
den applizierten Daten der jeweiligen Motor-Turbolader-Kombination.

4.3.1 Variation der Saugrohrtemperatur

Die Temperatur im Saugrohr wird mit Hilfe von Ladeluftkühlern schrittweise
verändert. Da die Auswirkung der Abgastemperatur am Austritt des AGR-
Kühlers/-Verdampfers auf die Saugrohrtemperatur in die Untersuchungen mit
einfließen soll, wird statt der Saugrohrtemperatur die Ladelufttemperatur am
Austritt des Ladeluftkühlers in Schritten von 10 K im Bereich von 30 °C bis
80 °C eingestellt und als die Variationsgröße für die folgenden schematischen
Darstellungen verwendet. Der Ladedruck, die AGR-Rate und die Einspritzparameter bleiben bei der Variation der Saugrohrtemperatur unverändert. Die
Randbedingungen für die Variation der Saugrohrtemperatur sind in Tabelle 4.2
aufgelistet.

Tabelle 4.2: Randbedingungen für Variation der Saugrohrtemperatur

		2-stufig ATL-WG	1-stufig ATL-WG	1-stufig ATL-VTG
P2E1	bar	2,12	1,71	2,14
AGR-Rate	%	28,9	16,1	28,0
EM_{HE}	mg/Hub	125	125	125
EB_{HE}	°KW n. ZOT	-9,35	-9,35	-9,35
P_{Rail}	bar	1626	1626	1626
EM_{VE}	mg/Hub	5,7	5,7	5,7
EB_{VE}	°KW n. ZOT	-17,41	-17,41	-17,41

In Abbildung 4.5 werden die Ansaugtemperaturänderungen mit der Ladeluft-temperaturvariation bei den drei Motor-Turbolader-Kombinationen gezeigt.

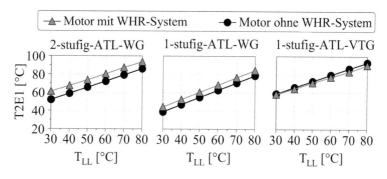

Abbildung 4.5: Variation der Saugrohrtemperatur mit Hilfe von Einstel-lung der Ladelufttemperatur für Motor mit unterschiedlichen Aufladekonzepten und mit/ohne WHR-System im WHSC-Betriebspunkt Nr. 8 mit $n_{Mot}=1310 \frac{1}{min}$, $M_{Mot}=1154$ Nm

Die Zumischung des gekühlten AGR-Abgases in das Saugrohr führt zu einer er-höhten Saugrohrtemperatur im Vergleich zu der Ladelufttemperatur am Austritt des Ladeluftkühlers.

Beim Ersatz des AGR-Kühlers durch AGR-Verdampfer ergeben sich im Vergleich mit dem Motor ohne WHR-System verschiedene Temperaturänderungen für unterschiedliche Aufladungssysteme. Während die Saugrohrtemperatur bei Abgasturboladern mit Bypassregelung (bei 2-stufig-ATL-WG um 8 K und bei 1-stufig-ATL-WG um 6 K) sich erhöht, verfügt die Variante VTG über eine leicht reduzierte Saugrohrtemperatur bei allen Variationspunkten der Ladelufttemperatur.

Die prozentualen Änderungen der äußeren Energiebilanz bezüglich der dem System zugeführten Kraftstoffenergie über die Variation der Saugrohrtemperatur hinweg sind in Abbildungen 4.6 und 4.7 dargestellt. Die Kategorisierung der Energieströme wird in Bezug auf die Darstellung der Energiebilanz in Abbildung 4.1 auf der rechten Seite der Bilder bezeichnet. Bei den Untersuchungen wird vor allem der Motor ohne WHR-System und anschließend das Integrationssystem betrachtet.

Motor ohne WHR-System

Eine Erhöhung der Saugrohrtemperatur führt zur Zunahme der Gastemperatur im Brennraum nach dem Schließen der Einlassventile. Nach der thermischen Zustandsgleichung Gl. 4.5 reduziert die Zylinderfüllung mit der zunehmenden Gastemperatur bei den konstant bleibenden Werten von Druck, Volumen und spezifischer Gaskonstante. Dadurch nimmt die Luftdichte mit zunehmender Ladelufttemperatur bzw. Saugrohrtemperatur ab. Dies hat zur Folge, dass die Motorleistung P_e, nach Gl. 2.16, mit steigender Ladelufttemperatur reduziert.

$$m = \underbrace{\frac{p \cdot V}{R}}_{= konst.} \cdot \frac{1}{T}$$

Gl. 4.5

Nach dem Newtonschen Wärmeübertragungsgesetz [4] ist die Wandwärme $\dot{Q}_{KM}$ abhängig von der Temperaturdifferenz zwischen Gas und Motorstruktur und auch dem Wärmeübergangskoeffizienten in den Ein- und Auslasskanälen sowie im Brennraum. Die Temperaturdifferenz wird aufgrund der erhöhten Gastemperatur vergrößert und hat auf die Wandwärme stärker beeinflusst. Die Reynoldszahl und die Wäremeübergangskoeffizienten reduzieren mit abnehmender Gasdichte. Im Endeffekt nimmt die Wandwärme mit steigender Ladelufttemperatur zu.

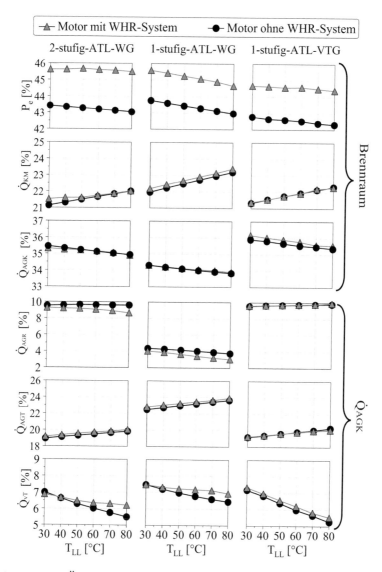

Abbildung 4.6: Äußere Energiebilanz des Motors mit unterschiedlichen Aufladekonzepten und mit/ohne WHR-System bei Variation
der Saugrohrtemperatur im WHSC-Betriebspunkt Nr. 8 mit
n_{Mot}=1310 $\frac{1}{min}$, M_{Mot}=1154 Nm, Bild ①

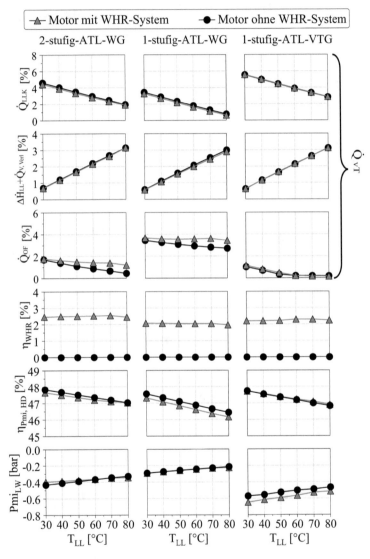

Abbildung 4.7: Äußere Energiebilanz des Motors mit unterschiedlichen Aufladekonzepten und mit/ohne WHR-System bei Variation
der Saugrohrtemperatur im WHSC-Betriebspunkt Nr. 8 mit
$n_{Mot}=1310 \frac{1}{min}$, $M_{Mot}=1154$ Nm, Bild ②

Die stärkste Erhöhung der Wandwärme um 1,2 % zwischen der Ladelufttemperatur von 30 °C und 80 °C liegt bei der Variante von 1-stufig-ATL-WG. Der Anteil von Abgasenthalpiestrom aus dem Brennraum $\dot{Q}_{AGK}$ nimmt mit steigender Ladelufttemperatur ab. Zwischen den drei Aufladungssystemen weist die Variante von dem 1-stufig-ATL-WG die größte Wandwärmezunahme und geringste Reduzierung des Anteils von Abgasenthalpiestrom auf, weshalb die Verschlechterung der Motorleistung mit zunehmender Ladelufttemperatur bei ihm am stärksten ist.

Bei der konstant eingestellten AGR-Rate bleibt der Anteil des Energiestroms der AGR-Strecke $\dot{Q}_{AGR}$ mit der Ladelufttemperaturanhebung beinahe unverändert, weil die Steigerung der Abgastemperatur mit der Reduzierung des AGR-Massenstroms ausgeglichen wird. Der Energiestrom nach der NT-Turbine $\dot{Q}_{AGT}$ nimmt aufgrund der erhöhten Abgastemperatur trotz des reduzierten Abgasmassenstroms zu. Bei den drei Varianten wird ein ähnlicher anteiliger Anstieg der $\dot{Q}_{AGT}$ von ca. 1,2 % zwischen 30 °C und 80 °C erzielt. Bei dem übrigen Teil der $\dot{Q}_{AGK}$, $\dot{Q}_{VT}$, wird eine deutliche Absenkung mit der Ladelufttemperaturanhebung gezeigt. Die Erhöhung der Ladeluftempertur führt zu einer verkleinerten Temperaturdifferenz zwischen Luft und Wand sowie Kühlmittel in den Ladeluftkühlern. Folglich ergibt sich ein reduzierter Wärmeeintrag $\dot{Q}_{LLK}$ ins Kühlmittel. Im Gegensatz dazu steigert der Anteil von Luftenthalpie und Verdichterverlust $\Delta \dot{H}_{LL} + \dot{Q}_{V, Verl}$ für die drei ATL-Varianten in ähnlichem Maße (2-stufig-ATL-WG um 3,4 %, 1-stufig-ATL-WG um 2,4 % und 1-stufig-ATL-VTG um 2,5 %). Trotz der erhöhten Abgastemperatur in den Auslasskanälen und -krümmer reduzieren die Oberflächenwärmeverluste $\dot{Q}_{OF}$ infolge des kleineren Wärmeübergangskoeffizients.

Der indizierter Mitteldruck der Hochdruckschleife nimmt aufgrund der reduzierten Zylinderladung ab. Der von den angeschlossenen Turboladern und der Abgasklappe beeinflusste Abgasgegendruck wird mit dem reduzierten Abgasmassenstrom abnimmt. Dies verursacht reduzierte Ladungswechselverluste mit Ladelufttemperaturanhebung.

Integrationssystem

Bei dem Integrationssystem werden ähnliche Verläufe der Änderungen der Energiebilanz mit zunehmender Ladelufttempertur wie bei dem Motor ohne WHR-System gezeigt. Die Berechnungsergebnisse der mittels des WHR-Systems gewonnenen Leistungen haben gezeigt, dass sich kaum nennenswerte Änderungen über die Variation der Ladelufttemperatur bzw. Saugrohrtemperatur hinweg ergeben (vgl. Abbildung 4.7 η_{WHR}). Die von dem Integrationssystem abgegebene und in Abbildung 4.6 dargestellte Leistung resultiert aus der Summe von der aktuellen Motorleistung nach der Betriebspunktsverschiebung und der zusätzlichen Leistung aus WHR-System. Es ist hierbei darauf zu achten, dass die in Abbildung 4.6 dargestellte Leistung abzüglich der Leistung aus WHR-System, der Wandwärmestrom und der Abgasenthalpistrom die innere Energiebilanz (Brennraum) des Motors bilden.

Es ist ersichtlich, dass die Energieströme der AGR-Strecke bei den beiden bypassgeregelten Aufladungssystemen mit zunehmender Ladelufttemperatur leicht reduzieren. Es ist darauf zurückzuführen, dass aufgrund des reduzierten Abgasmassenstroms der durch Abgasturbolader, Abgasklappe und auch AGT-Verdampfer aufgebaute Abgasgegendruck die gewünschte AGR-Rate nicht bereitgestellt wird. Da das Flatterventil beim Einsatz des AGR-Verdampfers entfällt, wird diese Einbuße der AGR-Rate nicht wie es bei dem Motor ohne WHR-System kompensiert wird. Bei dem 1-stufig-ATL-VTG wird ein genügender Abgasgegendruck zum Erzielen der gewünschte AGR-Rate durch Verstellung der Leitschaufelposition zur Verfügung gestellt. Es bringt allerdings den Nachteil von einer Erhöhung der Ladungswechselverluste mit sich (vgl. Abbildung 4.7 unten, $P_{mi_{LW}}$).

In Abbildung 4.8 oben werden die Änderungen der spezifischen Kraftstoffverbräche verschiedener Motor-Turbolader-Kombinationen bezüglich des spezifischen Kraftstoffverbrauchs von dem Motor mit 2-stufig-ATL-WG und Grundapplikation bei Variation der Ladelufttemperatur miteinander verglichen. Da gleiche Kraftstoffmenge bei allen Varianten vorgegeben wird, werden die Verläufe der spezifischen Kraftstoffverbräche von den Änderungen der abgegebenen Leistungen bestimmt.

Für den Motor ohne Einsatz des WHR-Systems wird der kleinste spezifische Kraftstoffverbrauch bei der Variante 1-stufig-ATL-VTG mit 30 °C Ladelufttemperatur für den betrachteten Betriebspunkt erzielt. Während die Variante 1-stufig-ATL-WG bei den niedrigen Ladelufttemperaturen von 30 °C bis 50 °C im Vergleich mit der Variante 2-stufig-ATL-WG den niedrigeren Kraftstoffverbrauch besitzt, verliert dieser Vorteil mit zunehmender Ladelufttemperatur.

Beim Einsatz des WHR-Systems ergibt sich ein beinahe konstanter Vorteil von Kraftstoffeinsparung bei 1-stufig-ATL-WG mit ca. 7.8 g/kWh. Der Vorteil von Kraftstoffeinsparung durch Einsatz des WHR-Systems vergrößert um ca. 1 g/kWh mit zunehmender Ladelufttemperatur von 30 °C bis 80 °C bei 2-stufig-ATL-WG und 1-stufig-ATL-VTG. Die Stickoxidemission steigt mit der erhöhten Ladelufttemperatur sowie der daraus resultierenden erhöhten Prozesstemperatur. Aufgrund der reduzierten Luftmasse steht allerdings geringere Anzahl an Sauerstoffmolekülen zur Verfügung. Dies verhindert hingegen nach Zeldovich-Mechanismus die NO-Bildung. Schließlich ergeben sich keine nennenswerten Änderungen der spezifischen NO_x-Rohemissionen mit der Ladelufttemperaturanhebung, wie sie in Abbildung 4.8 unten gezeigt werden.

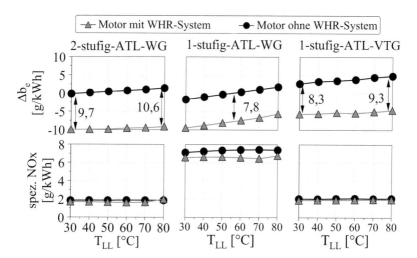

Abbildung 4.8: Spezifische Kraftstoffverbräuche und NO_x-Emissionen des Motors mit unterschiedlichen Aufladekonzepten und mit/ohne WHR-System bei Variation der Saugrohrtemperatur im WHSC-Betriebspunkt Nr. 8 mit $n_{Mot}=1310\ \frac{1}{min}$, $M_{Mot}=1154$ Nm

4.3.2 Variation des Ladedrucks

Während die Variation des Ladedrucks bei Abgasturboladern mit Waste-Gate durch Betätigen des Bypassventils erfolgt, wird zur Variation des Ladedrucks bei VTG-Lader die Leitschaufelposition verstellt. Bei der Variation des Ladedrucks bleiben die Ladelufttemperatur, die AGR-Rate und die Einspritzparameter konstant. In Tabelle 4.3 sind die Randbedingungen für die Variation des Ladedrucks aufgelistet.

Tabelle 4.3: Randbedingungen für Variation des Ladedrucks

		2-stufig ATL-WG	1-stufig ATL-WG	1-stufig ATL-VTG
T_{LL}	°C	38,8	38,8	38,8
AGR-Rate	%	28,9	16,1	28,0
EM_{HE}	mg/Hub	125	125	125
EB_{HE}	°KW n. ZOT	-9,35	-9,35	-9,35
P_{Rail}	bar	1626	1626	1626
EM_{VE}	mg/Hub	5,7	5,7	5,7
EB_{VE}	°KW n. ZOT	-17,41	-17,41	-17,41

Die Abgastemperatur am Austritt des AGR-Kühlers/-Verdampfers wird nicht konstant gehalten. Dadurch ändert sich die Saugrohrtemperatur. Allerdings sind die Änderungen geringfügig. Je nach der Bauart der Abgasturbolader verfügen die drei Varianten über unterschiedliche Variationsbereiche für den Ladedruck.

Die Änderungen der äußeren Energiebilanz von den drei Motor-Turbolader-Kombinationen bei Variation des Ladedrucks sind in Abbildungen 4.9 und 4.10 dargestellt.

Motor ohne WHR-System

Die Zunahme des Ladedrucks führt zu einem Anstieg des Frischluftmassenstroms sowie der Zylinderfüllung. Dies kann mit der thermischen Zustandsgleichung Gl. 4.6 erläutert werden.

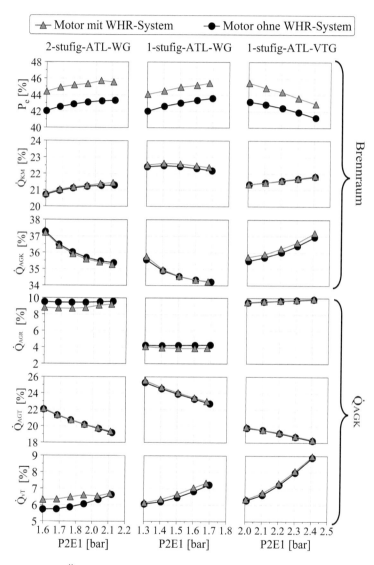

Abbildung 4.9: Äußere Energiebilanz des Motors mit unterschiedlichen Aufladekonzepten und mit/ohne WHR-System bei Variation des
Ladedrucks im WHSC-Betriebspunkt Nr. 8 mit n_{Mot}=1310 $\frac{1}{min}$,
M_{Mot}=1154 Nm, Bild ①

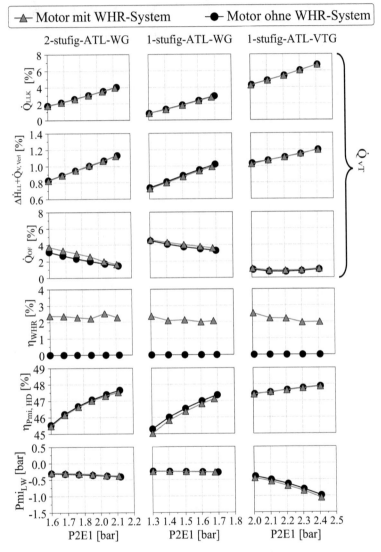

Abbildung 4.10: Äußere Energiebilanz des Motors mit unterschiedlichen Auf-
ladekonzepten und mit/ohne WHR-System bei Variation des
Ladedrucks im WHSC-Betriebspunkt Nr. 8 mit $n_{Mot}=1310$
$\frac{1}{min}$, $M_{Mot}=1154$ Nm, Bild ②

$$m = p \cdot \underbrace{\frac{V}{R \cdot T}}_{\approx \, konst.}$$

Gl. 4.6

Die Zylindermasse ist bei den ähnlichen Saugrohrtemperaturen und gleichen AGR-Raten proportional zu dem Ladedruck.

Die Prozesstemperatur reduziert mit zunehmendem Ladedruck und dem daraus resultierenden ansteigenden Luftmassenstrom. Der Wärmeübergangskoeffizient erhöht sich aufgrund der zunehmenden Strömungsgeschwindigkeit. Bei den Varianten von 2-stufig-ATL-WG und 1-stufig-ATL-VTG übersteigt der Anstieg des Wärmeübergangskoeffizients die Reduzierung der Prozesstemperatur und führt zu einem erhöhten Wandwärmestrom im Brennraum. Bei der Variante 1-stufig-ATL-WG lässt sich die Auswirkung des ansteigenden Wärmeübergangskoeffizients auf den Wandwärmestrom mit der Auswirkung abfallender Prozesstemperatur kompensieren, was zu einem beinahe konstanten Wandwärmestrom über die Variation des Ladedrucks hinweg führt. Der Abfall der Prozesstemperatur verursacht trotz des steigenden Abgasmassenstroms den reduzierten Abgasenthalpiestrom bei den Varianten von Abgasturboladern mit Waste-Gate. Da sich der Abgasgegendruck durch Verstellung der Leitschaufelposition stark erhöht, ergibt sich bei der Variante 1-stufig-ATL-VTG mit zunehmendem Ladedruck steigende interne AGR. Die interne AGR hat den Abfall der Prozesstemperatur aufgrund der erhöhten Temperatur vom Beginn der Kompression abgeschwächt. Der Abgasenthalpiestrom nimmt mit dem deutlich gesteigerten Abgasmassenstrom zu. In Abhängigkeit von den Änderungen des Abgasenthalpiestroms und des Wandwärmestroms weist die Variante 1-stufig-ATL-VTG einen gegenläufigen Verlauf des Motorwirkungsgrads bei der Variation des Ladedrucks im Vergleich mit den Varianten von Turboladern mit Waste-Gate auf. Während die Wirkungsgrade bei den Turboladern mit Waste-Gate ansteigen, zeigt sich ein abfallender Wirkungsgrad bei der VTG-Variante.

Bei der konstant eingestellten AGR-Rate bleibt der Anteil des Energiestroms der AGR-Strecke mit der Ladedruckerhöhung $\dot{Q}_{AGR}$ beinahe unverändert, da die Steigerung des Abgasmassenstroms mit der Reduzierung der Abgastemperatur ausgeglichen wird.

Der Abgasenthalpiestrom nach der Turbine nimmt mit zunehmendem Lade-
druck aufgrund der reduzierten Abgastemperatur bei allen drei Varianten ab.
Der übrige Teil von $\dot{Q}_{AGK}$, $\dot{Q}_{VT}$, erhöht sich mit zunehmendem Ladedruck.
Dabei besitzt die Variante 1-stufig-ATL-VTG die stärkste Steigerung von ca. 3
%.

Mit der Steigerung des Frischluftmassenstroms nimmt der Wärmeeintrag ins
Kühlmittel bei den Ladeluftkühlern $\dot{Q}_{LLK}$ zu. Der Anteil von Luftenthalpie und
Verdichterverlust $\Delta \dot{H}_{LL}+\dot{Q}_{V, Verl}$ steigt ebenfalls an. Die abnehmende Abgas-
temperatur in den Auslasskanälen und -krümmer führt zu den abnehmenden
Oberflächenwärmeverlusten $\dot{Q}_{OF}$.

Mit zunehmendem Ladedruck erhöht sich der Zylinderdruck nach Einlass
schließt, damit sich ein erhöhter Druck zum Zeitpunkt des Einspritzbeginns
ergibt. Der Zündverzugszeit reduziert aufgrund des höheren Drucks und der höhere Anzahl an Sauerstoffmolekülen. Dies führt zu einem früheren Brennbeginn.
Durch Verschiebung der Verbrennung nach früh ergibt sich ein steilerer Brennverlauf. Damit erhöht sich der indizierte Mitteldruck der Hochdruckschleife.
Um den erhöhten Ladedruck bereitzustellen, schließt das Bypassventil von
ATL-WG bei der Variation zunehmend. Dies hat einen ansteigenden Abgasgegendruck und die daraus resultierenden ansteigenden Ladungswechselverluste
zur Folge. Im Vergleich mit den Ladungswechselverlusten bei der VTG-Variante
sind die Steigerungen allerdings geringfügig.

Integrationssystem

Die Verläufe der jeweiligen Anteile der äußeren Energiebilanz bei dem Integrationssystem weisen Ähnlichkeiten mit denen bei dem Motor ohne WHR-System
auf. Da die Abgasenthalpie der AGT-Strecke mit zunehmendem Ladedruck und
damit das Wärmeangebot für das WHR-System reduziert, fällt die Leistung aus
WHR-System um ca. 0,5 % der Gesamtenergie der zugeführten Kraftstoffmenge
von dem kleinsten bis zu dem größten Ladedruck ab.

In Abbildung 4.11 oben sind die Änderungen der spezifischen Kraftstoffverbräuche bezüglich des spezifischen Kraftstoffverbrauchs von dem Motor mit
2-stufig-ATL-WG und Grundapplikation dargestellt. Mit dem Abfall der Leistung aus WHR-System nimmt der Vorteil der Kraftstoffeinsparung von dem
Integrationssystem mit der Anhebung des Ladedrucks ab. In Abbildung 4.11

unten werden die Verläufe der spezifischen NO_x-Rohemissionen mit Ladedruckanhebung gezeigt. Mit zunehmendem Ladedruck steht eine größere Anzahl an Sauerstoffmolekühlen für die thermische NO-Bildung zur Verfügung (vgl. Zeldovich-Mechanismus von Gl. 2.8 bis Gl. 2.10). Trotz der reduzierten Verbrennungstemperatur steigt die Stickoxidemission bei der Variation des Ladedrucks an. Die Steigerung der Stickoxidemission bei der Variante 1-stufig-ATL-WG ist aufgrund der kleinen AGR-Rate insbesondere stark.

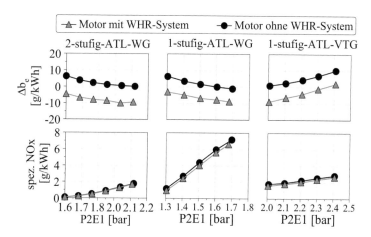

Abbildung 4.11: Spezifische Kraftstoffverbräuche und NO_x-Emissionen des Motors mit unterschiedlichen Aufladekonzepten und mit/ ohne WHR-System bei Variation des Ladedrucks im WHSC-Betriebs-punkt Nr. 8 mit n_{Mot}=1310 $\frac{1}{min}$, M_{Mot}=1154 Nm

4.3.3 Variation der Abgasrückführungsrate

Das in der vorliegenden Arbeit ausgelegte WHR-System nutzt die Abgasenergien sowohl aus AGR-Pfad als auch aus AGT-Pfad aus. Es ist von großem Interesse, den Einfluss der Abgasrückführung auf das Integrationssystem zu untersuchen. Die Untersuchungen erfolgen mit Variation der Abgasrückführungsrate bei unterschiedlichen Motor-Turbolader-Kombinationen. Bei den Variationsrechnungen werden die Ladelufttemperatur am Austritt des Ladeluftkühlers, der Ladedruck und die Einspritzparameter konstant gehalten. In Tabelle

4.4 sind die Randbedingungen für die Variation der Abgasrückführungsrate
aufgelistet.

Tabelle 4.4: Randbedingungen für Variation der AGR-Rate

		2-stufig ATL-WG	1-stufig ATL-WG	1-stufig ATL-VTG
T_{LL}	°C	38,8	38,8	38,8
P2E1	bar	2,12	1,71	2,14
EM_{HE}	mg/Hub	125	125	125
EB_{HE}	°KW n. ZOT	-9,35	-9,35	-9,35
P_{Rail}	bar	1626	1626	1626
EM_{VE}	mg/Hub	5,7	5,7	5,7
EB_{VE}	°KW n. ZOT	-17,41	-17,41	-17,41

Je nach den eingesetzten Abgasturboladern werden die Abgasrückführungsra-
ten bei den drei Varianten in verschiedenen Bereichen variiert. Der eingebaute
einstufige Abgasturbolader mit Waste-Gate ist nicht in der Lage, bei dem vorgegebenen Ladedruck einen hinreichend hohen Abgasgegendruck bereitzustellen,
um eine hohe Abgasrückführungsrate zu erzielen. Die maximale AGR-Rate
beträgt 15 % bei dem untersuchten Betriebspunkt. Während die AGR-Rate bei
1-stufig-ATL-WG von 5 % bis 15 % variiert, liegt die Variation der AGR-Rate
dei 2-stufig-ATL-WG und 1-stufig-ATL-VTG im Bereich von 5 % bis 30 %.

Bei einem konstant gehaltenen Ladedruck führt die erhöhte Substitution der Frischluft durch Abgas mit gesteigerter AGR-Rate zu einer reduzierten Luftmasse
und auch reduzierten Zylindermasse trotz des zunehmenden zurückgeführten
Abgases. Dies hat nach Gl. 2.16 eine steigende Saugrohrtemperatur und damit
steigende Temperatur vom Beginn der Kompression zur Folge. In Abbildung
4.12 sind die erhöhten Saugrohrtemerapturen mit zunehmender AGR-Raten
dargestellt. Aufgrund der kleineren AGR-Rate bei der Variante 1-stufig-ATL-
WG ergibt sich eine geringere Saugrohrtemperaturanhebung. Im Gegensatz
dazu besitzen die Varianten von 2-stufig-ATL-WG und 1-stufig-ATL-WG stei-
lere Verläufe der Saugrohrtemperatur mit zunehmender AGR-Rate. Aufgrund
der Betriebspunktsverschiebung liegen die Saugrohrtemperaturen bei Motor

mit WHR-System auf einem höheren Niveau als die bei Motor ohne WHR-System. Der Einfluss der Saugrohrtemperatur auf die äußere Energiebilanz bei den verschiedenen Motor-Turbolader-Kombinationen wurde in Abschnitt 4.3.1 bereits beschrieben. Im Folgenden werden die Effekte der erhöhten AGR-Rate ausgehend von den bei der Variation der Saugrohrtemperatur gewonnenen Kenntnissen diskutiert.

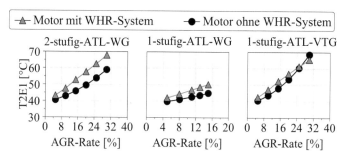

Abbildung 4.12: Änderungen der Saugrohrtemperatur bei Variation der AGR-Rate für Motor mit unterschiedlichen Aufladekonzepten und mit/ohne WHR-System im WHSC-Betriebspunkt Nr. 8 mit $n_{Mot}=1310 \frac{1}{min}$, $M_{Mot}=1154$ Nm

Die Änderungen der äußeren Energiebilanz mit Variation der AGR-Rate sind in Abbildungen 4.13 und 4.14 dargestellt.

Motor ohne WHR-System

Im Vergleich mit der Variation der Saugrohrtemperatur steigt die Verbrennungstemperatur mit Zunahme der AGR-Rate und der daraus resultierenden erhöhten Wärmekapazität weniger stark an. Dies hat im Gegenteil von der Variation der Saugrohrtemperatur abfallende Wandwärmeströme bei der Variation der AGR-Rate zur Folge. Dadurch ist der mit reduziertem Luftmassenstrom abnehmende Wärmeüberganskoeffizient der Haupteinflussfaktor auf die Wandwärme. Die erhöhte Abgastemperatur führt trotz des reduzierten Abgasmassenstroms zu einem steigenden Abgasenthalpiestrom. Der Anstieg des Abgasenthalpiestroms bei der Variante 1-stufig-ATL-VTG ist am stärksten.

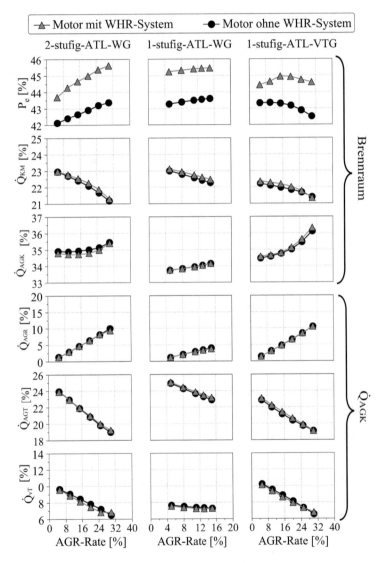

Abbildung 4.13: Äußere Energiebilanz des Motors mit unterschiedlichen Auf-
ladekonzepten und mit/ohne WHR-System bei Variation der
AGR-Rate im WHSC-Betriebspunkt Nr. 8 mit $n_{Mot}=1310$
$\frac{1}{min}$, $M_{Mot}=1154$ Nm, Bild ①

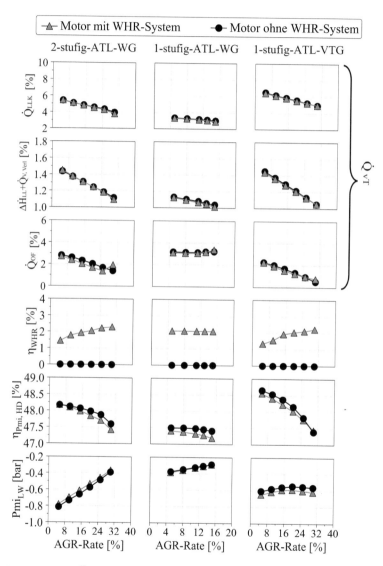

Abbildung 4.14: Äußere Energiebilanz des Motors mit unterschiedlichen Aufladekonzepten und mit/ohne WHR-System bei Variation der
AGR-Rate im WHSC-Betriebspunkt Nr. 8 mit n_{Mot}=1310
$\frac{1}{min}$, M_{Mot}=1154 Nm, Bild ②

Folglich nimmt der effektive Wirkungsgrad bei dieser Variante mit zunehmender AGR-Rate ab. Im Gegensatz dazu steigen die effektiven Wirkungsgrade bei den Varianten mit Waste-Gate an.

Die Abgasenthalpieströme der AGR-Strecke bei 2-stufig-ATL-WG und 1-stufig-ATL-VTG steigen um ca. 9 % der gesamten zugeführten Kraftstoffenergie von 5 % bis 30 % AGR-Rate an. Aufgrund der vergleichsweise kleinen AGR-Rate beträgt der Anstieg des Abgasenthalpiestroms bei 1-stufig-ATL-WG ca. 2,8 %. Der Abgasenthalpiestrom nach der Turbine nimmt mit dem reduzierten Abgasmassenstrom trotz der erhöhten Abgastemperatur ab. Bei 2-stufig-ATL-WG beträgt die Abnahme ca. 5 % und bei 1-stufig-ATL-VTG ca. 3,7 %. Der Abfall des Abgasenthalpiestroms der AGT-Strecke bei 1-stufig-ATL-WG ist gleich dem Anstieg des Abgasenthalpiestrom der AGR-Strecke. Bei dem übrigen Teil von $\dot{Q}_{AGK}$, $\dot{Q}_{VT}$, wird ein deutlich abfallender Verlauf mit zunehmender AGR-Rate für die Varianten von 2-stufig-ATL-WG und 1-stufig-ATL-VTG gezeigt, während es bei 1-stufig-ATL-WG annähernd konstant ist.

Da die Temperatur am Austritt des Ladeluftkühlers konstant eingestellt wird, nimmt der Wärmeeintrag ins Kühlmittel bei den Ladeluftkühlern mit dem abnehmenden Frischluftmassenstrom und dem damit reduzierten Wärmeübergangskoeffizient trotz der erhöhten Temperaturdifferenz zwischen Luft und Wand der Ladedluftkühler ab. Der Anteil von Luftenthalpie und Verdichterverlust $\Delta\dot{H}_{LL}+\dot{Q}_{V,\,Verl}$ nimmt mit abnehmendem Frischluftmassenstrom ebenfalls ab. Ähnlich wie bei der Variation der Saugrohrtemperatur reduzieren die Oberflächenwärmeverluste $\dot{Q}_{OF}$ infolge des kleineren Wärmeübergangskoeffizients trotz der erhöhten Abgastemperatur in den Auslasskanälen und -krümmer.

Bei der Abgasrückführung nimmt das Abgas an der Verbrennung nicht teil und wird allerdings aufgeheizt. Dies hat im Vergleich mit rein Frischluft eine Reduzierung der lokalen Temperatur im Brennraum zur Folge. Mit zunehmender AGR-Rate wird die Verbrennung verlangsamt, was zu einem reduzierten indizierten Wirkungsgrad der Hochdruckphase führt. Der reduzierte Abgasmassenstrom durch den Abgasturbolader führt zu einem deutlich reduzierten Abgasgegendruck vor der Turbine bei der Variante 2-stuig-ATL-WG. Folglich ergibt sich eine reduzierte Ladungswechselarbeit. Im Gegensatz dazu ist die Änderung der Ladungswechselarbeit bei 1-stufig-ATL-VTG durch Verstellung der Leitschaufeln nicht maßgeblich. Aufgrund der kleinen AGR-Rate und des daraus resultierenden kleinen Abgasmassenstroms wird eine geringe Änderung der Ladungswechselverluste mit zunehmender AGR-Rate bei 1-stufig-ATL-WG gezeigt.

Integrationssystem

Im Vergleich mit Saugrohrtemperatur und Ladedruck bewirkt die AGR-Rate stärker die aus WHR-System erzielte Leistung. Da die Steigerung des Abgasenthalpiestroms der AGR-Strecke mit zunehmender AGR-Rate den Abfall des Abgasenthapiestroms der AGT-Strecke übersteigt, erhöht sich das gesamte Wärmeangebot für das WHR-System. Damit steigt die Leistung aus WHR-System bezüglich der dem Motor zugeführten Kraftstoffenergie bei 2-stufig-ATL-WG prozentual um 0,85 % von 5 % bis 30 % AGR-Rate an. Bei 1-stufig-ATL-VTG beträgt der Anstieg 0,88 %. Die Erhöhung des gesamten Wärmeangebots bei 1-stufig-ATL-WG ist aufgrund der kleinen AGR-Rate sehr gering. Folglich bleibt die Leistung aus WHR-System für diese Variante über die Variation der AGR-Rate hinweg konstant. Die zusätzliche Leistung aus WHR-System ermöglicht einen steileren Verlauf des effektiven Wirkungsgrads des Integrationssystems bei 2-stufig-ATL-WG. Bei 1-stufig-ATL-WG ergibt sich die steigende Tendenz des effektiven Wirkungsgrads mit einem konstanten Abstand von dem Verlauf von Motor ohne WHR-System. Der Verlauf des effektiven Wirkungsgrads des Integrationssystems steigt zunächst mit erhöhter AGR-Rate an und fällt ab 15 % AGR-Rate leicht ab.

Trotz der Betriebspunktsverschiebung sind die Verläufe des jeweiligen Anteils der äußeren Energiebilanz von dem Integrationssystem und dem Motor ohne WHR-System annähernd deckungsgleich. Die abweichenden indizierten Mitteldrücke der Hochdruckschleife spiegeln die Auswirkung der Betriebspunktsverschiebung auf den Motor wider.

In Abbildung 4.15 oben werden die Änderungen der spezifischen Kraftstoffverbräche verschiedener Systeme bezüglich des spezifischen Kraftstoffverbrauchs von dem Motor mit 2-stufig-ATL-WG und Grundapplikation bei Variation der AGR-Rate miteinander verglichen. Die maximale Kraftstoffeinsparung von 9,5 g/kWh der Variante 2-stufig-ATL-WG durch Einsatz des WHR-Systems wird bei 30 % AGR-Rate erzielt. Bei der Variante 1-stufig-ATL-VTG beträgt es 9,2 g/kWh. Aufgrund der konstanten Leistung aus WHR-System reduziert bei 1-stufig-ATL-WG der Differenz der spezifischen Kraftstoffverbräuche zwischen

dem Integrationssystem und dem Motor ohne WHR-System von 8,4 g/kWh
bis 7,9 g/kWh. Bedingt durch die zunehmende AGR-Rate fällt die spezifischen
NO_x-Rohemission deutlich ab. Die Unterschiede zwischen dem Integrationssystem und dem Motor ohne WHR-System für die NO_x-Rohemission sind
geringfügig, wie in Abbildung 4.15 mitten gezeigt. In Abbildung 4.15 unten
sind die Verläufe der spezifischen Ruß-Rohemissionen mit Variation der AGR-
Rate für die drei Varianten dargestellt. Dabei ist die bekannte Konflikt zwischen
den Ruß- und NO_x-Emissionen zu erkennen.

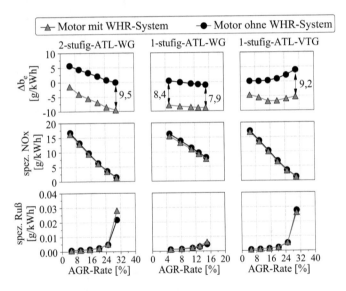

Abbildung 4.15: Spezifische Kraftstoffverbräuche und Emissionen des
Motors mit unterschiedlichen Aufladekonzepten und
mit/ohne WHR-System bei Variation der AGR-Rate im
WHSC-Betriebspunkt Nr. 8 mit n_{Mot}=1310 $\frac{1}{min}$, M_{Mot}=1154
Nm

4.3.4 Variation des Raildrucks

Der Einspritzdruck für den in der vorliegenden Arbeit verwendeten Nutzfahrzeugmotor, wie bereits in Abschnitt 3.1.1, Kapitel 3 erwähnt, wird mit Hilfe von

dem Common-Rail-System aufgebaut. Durch Entkopplung der Druckerzeugung und der Einspritzung ermöglicht das Common-Rail-System eine betriebspunktabhängige Anpassung des Einspritzdrucks.

Der Einspritzdruck hat einen grundlegenden Einfluss auf die Gemischaufbereitung und anschließende Verbrennung. Mit einem zunehmenden Einspritzdruck bei direkteinspritzenden Dieselbrennverfahren steigt die Austrittsgeschwindigkeit des Kraftstoffs aus den Düsenlöschern an. Dadurch ergibt sich eine erhöhte Geschwindigkeitsdifferenz zwischen Kraftstoff und Luft. Dies hat kleinere Tropfendurchmesser und ein schnelleres Verdampfen zur Folge. Aufgrund des erhöhten Impuls der Tropfen wird die Eindringtiefe in den Brennraum vergrößert und ein bereiter Strahlaufbruch sichergestellt.

Um den Einfluss des Raildrucks auf die äußere Energiebilanz verschiedener Motor-Turboloder-Kombinationen und die aus den Änderungen des Raildrucks resultierenden Wechselwirkungen zwischen dem Motor und WHR-System darzustellen, werden die Variationsrechnungen für Raildruck in diesem Abschnitt durchgeführt. Bei der Variation werden die Parameter von Ladelufttemperatur am Austritt des Ladeluftkühlers, Ladedruck, AGR-Rate, Einspritzbegin und -menge konstant gehalten. In Tabelle 4.5 sind die Randbedingungen für die Variation des Raildrucks aufgelistet.

Tabelle 4.5: Randbedingungen für Variation des Raildrucks

		2-stufig ATL-WG	1-stufig ATL-WG	1-stufig ATL-VTG
T_{LL}	°C	38,8	38,8	38,8
P2E1	bar	2,12	1,71	2,14
AGR-Rate	%	28,9	16,1	28
EM_{HE}	mg/Hub	125	125	125
EB_{HE}	°KW n. ZOT	-9,35	-9,35	-9,35
EB_{VE}	°KW n. ZOT	-17,41	-17,41	-17,41

Das bei dem Motor eingesetzten Common-Rail-System ermöglicht mit den Piezo-Inline-Injektoren einen maximalen Einspritzdruck von ca. 1800 bar. Daher wird der Raildruck bei den Simulationen von 800 bar bis 1800 bar variiert.

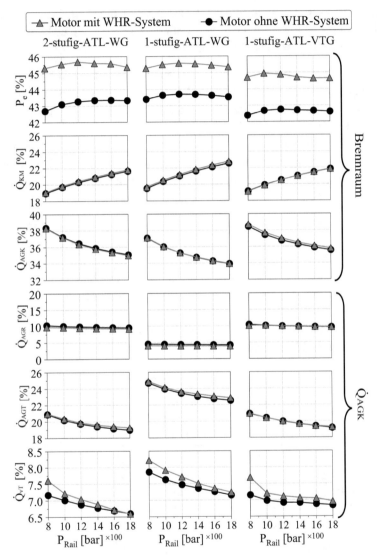

Abbildung 4.16: Äußere Energiebilanz des Motors mit unterschiedlichen Aufladekonzepten und mit/ohne WHR-System bei Variation des Einspritzdrucks im WHSC-Betriebspunkt Nr. 8 mit $n_{Mot}=1310\ \frac{1}{min}$, $M_{Mot}=1154\ Nm$, Bild ①

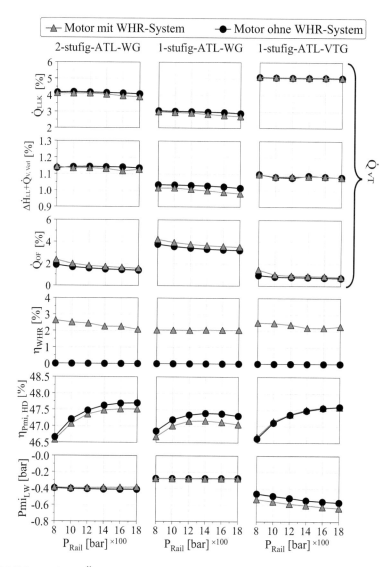

Abbildung 4.17: Äußere Energiebilanz des Motors mit unterschiedlichen Aufladekonzepten und mit/ohne WHR-System bei Variation des Einspritzdrucks im WHSC-Betriebspunkt Nr. 8 mit $n_{Mot}=1310\ \frac{1}{min}$, $M_{Mot}=1154\ Nm$, Bild ②

Da das Ableiten des Einspritzverlaufs abhängig von dem Einspritzdruck ist (vgl. 3.1.1, Kapitel 3), wird die Einspritzverlaufsformung bei der Änderung des Raildrucks automatisch angepasst.

Die Berechnungsergebnisse für die äußeren Energiebilanzen von dem Motor ohne WHR-System und dem Integrationssystem mit den drei unterschiedlichen Abgasturboladern sind in Abbildungen 4.16 und 4.17 dargestellt.

Motor ohne WHR-System

Mit zunehmendem Raildruck erhöht sich die Einspritzrate, was zu einer Zunahme der Austrittsgeschwindigkeit des Kraftstoffs aus den Düsenlöchern führt. Der Kraftstoff wird besser zerstäubt und es ermöglicht eine verkürzte Verdampfungszeit. Bei einer konstanten eingespritzten Kraftstoffmenge pro Arbeitsspiel werden mehr Kraftstoffe für die Vorverbrennung eingespritzt. Die Einspritzdauer wird aufgrund der erhöhten Einspritzrate verkürzt, wie beispielsweise in Abbildung 4.18 links dargestellt. Die Zündverzugszeit wird bei konstantem Einspritzbegin verkürzt. Aufgrund der besseren Kraftstoffaufbereitung resultieren erhöhte Wärmefreisetzungsraten in der vorgemischten Verbrennung trotz kürzerem Zündverzug.

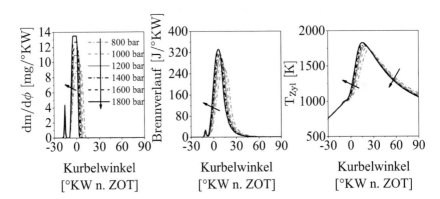

Abbildung 4.18: Ergebnisse der Druckverlaufanalyse bei Variation des Raildrucks am Beispiel von Variante 2-stufig-ATL-WG ohne WHR-System im WHSC-Betriebspunkt Nr. 8 mit n_{Mot}=1310 $\frac{1}{min}$, M_{Mot}=1154 Nm

Mit der Raildruckanhebung ergibt sich eine schnellere Verbrennung. Die Verlagerung des Verbrennungsschwerpunktes wird damit nach früh verschoben, vgl. die Änderungen der Brennverläufe in Abbildung 4.18 mitten. Dies hat erhöhte Verbrennungstemperatur in ZOT-Nähe zur Folge, wie beispielsweise in Abbildung 4.18 rechts dargestellt. Die Temperaturdifferenz zwischen Gas und Motorstruktur und damit der Wandwärmestrom steigen mit zunehmendem Raildruck an. Die Abgastemperatur reduziert aufgrund der schnelleren Umsetzung des Kraftstoffs. Daher wird eine abfallende Tendenz des Abgasenthalpiestroms mit Raildruckanhebung gezeigt. Da der effektive Wirkungsgrad des Motors abhängig von dem Wandwärmestrom und dem Abgasenthalpiestrom ist, erhöht sich er zunächst mit zunehmendem Raildruck. Ab einem bestimmten Raildruck stehen der Anstieg der Wandwärmeströme und der Abfall der Abgasenthalpieströme im Gleichgewicht. Dadurch bleibt der effektive Wirkungsgrad des Motors annähernd konstant.

Aufgrund der konstanten AGR-Raten bleiben die vor dem AGR-Kühler stehenden Abgasenthalpieströme beinahe unverändert. Mit abnehmender Abgastemperaturen reduzieren die Abgasenthalpieströme der AGT-Strecke. Der übrige Teil $\dot{Q}_{AGK}$, $\dot{Q}_{vT}$, nimmt ebenfalls bei der Variation des Raildrucks ab.

Da die Ladelufttemperatur am austritt des Ladeluftkühlers konstant eingestellt wird, entstehen geringfügige Änderungen der Wärmeinträge $\dot{Q}_{LLK}$ ins Kühlmittel. Bei dem Anteil von Luftenthalpieströme und Verdichterverlust $\Delta\dot{H}_{LL}+\dot{Q}_{V,\,Verl}$ sowie der Oberflächenwärmeverluste sind keine nennenswerten Änderungen mit zunehmendem Raildruck zu erkennen.

Aufgrund der besseren Gemischaufbereitung erhöhen sich bei den drei Varianten die indizierten Wirkungsgrade der Hochdruckschleife mit ansteigendem Raildruck. Bei dem Raildruck von 1600 bar erreichen die Wirkungsgrade das Maximum. Dieser Wert entspricht der Grundapplikation für den betrachteten Betriebspunkt. Da die Abgasmassenströme durch die Turbine bei den Varianten mit ATL-WG über die Variation des Raildrucks hinweg geringe Änderungen besitzen, ergeben sich annähernd konstante Ladungswechselverluste. Im Gegensatz dazu steigt die Ladungswechselarbeit bei VTG durch Verstellen der Leitschaufeln leicht an.

Integrationssystem

Bei dem Integrationssystem werden ähnliche Verläufe der jeweiligen Anteile der äußeren Energiebilanz von dem Motor ohne WHR-System gezeigt. Die Leistung aus WHR-System nimmt aufgrund des reduzierten Wärmeangebots aus AGT-Strecke mit Raildruckanhebung ab. In Kombination mit der stetig steigenden Motorleistung steigt die Leistung des Integrationssystems zunächst an und fällt nach Erreichen des Maximums bei dem Raildruck von 1200 bar leicht ab.

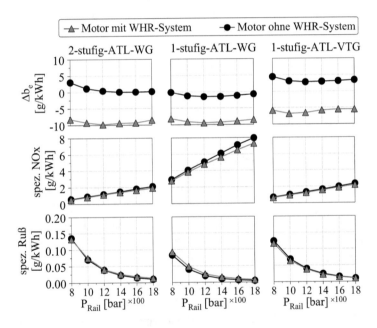

Abbildung 4.19: Spezifische Kraftstoffverbräuche und Emissionen des Motors mit unterschiedlichen Aufladekonzepten und mit/ohne WHR-System bei Variation des Einspritzdrucks im WHSC-Betriebspunkt Nr. 8 mit n_{Mot}=1310 $\frac{1}{min}$, M_{Mot}=1154 Nm

In Abbildung 4.19 oben sind die Änderungen der spezifischen Kraftstoffverbräuche verschiedener Systeme bezüglich des spezifischen Kraftstoffverbrauchs von dem Motor mit 2-stufig-ATL-WG und Grundapplikation bei Variation des Raildrucks dargestellt. In Übereinstimmung mit der Leistung aus Integrationssystem wird die höchste Kraftstoffeinsparung bei dem Raildruck von 1200 bar erzielt. Der signifikante Anstieg der lokalen Verbrennungstemperaturen mit zunehmendem Raildruck (vgl. Abbildung 4.18 rechts) bewirkt eine Zunahme der NO_x-Emissionen. Im Gegenteil dazu trägt der Anstieg des Raildrucks zur Absenkung der Rußemission bei, siehe Abbildung 4.19 unten. Vor allem führt die mit dem gesteigerten Raildruck erhöhte turbulente Mischungsenergie mit einer höheren Oxidationsgeschwindigkeit zur besseren Rußoxidation [55]. Darüber hinaus steht mehr Zeit für die Rußoxidation unter hoher Temperatur aufgrund der schnelleren Verbrennung zur Verfügung [100].

4.3.5 Variation des Haupteinspritzzeitpunktes

Der Haupteinspritzzeitpunkt hat einen unmittelbaren Einfluss auf die Verbrennungsschwerpunktlage. Damit wird das Brennverfahren stark beeinflusst. Zur Untersuchung der Auswirkungen des Haupteinspritzzeitpunktes auf die Energieverteilung innerhalb des Verbrennungsmotors und auch des Integrationssystems werden Simulationen mit variierenden Zeitpunkten des Einspritzbeginns durchgeführt. Bei der Variation wird der Abstand zwischen Vor- und Haupteinspritzung, Δd-EB$_{VE}$, konstant gehalten. Damit ist die Verschiebung des Einspritzbeginns der Haupteinspritzung mit der Verschiebung des Einspritzbeginns der Voreinspritzung begleitet. Eine Verschiebung des Einspritzbeginns nach zu früh in Richtung der Kompressionsphase oder zu spät in Richtung der Expansionsphase kann zu dem Aussetzen der Verbrennung führen. Der frühestmögliche Haupteinspritzzeitpunkt wird daher auf 14 °KW vor ZOT und der spätestmögliche Einspritzbeginn der Haupteinspritzung auf 2 °KW nach ZOT begrenzt.

Bei der Variation werden die Parameter von Ladedruck, Ladelufttemperatur am Austritt des Ladeluftkühlers, AGR-Rate, Einspritzmenge und Raildruck konstant gehalten. In Tabelle 4.6 sind die Randbedingungen für die Variation des Haupteinspritzzeitpunktes aufgelistet.

Tabelle 4.6: Randbedingungen für Variation des Haupteinspritzzeitpunktes

		2-stufig ATL-WG	1-stufig ATL-WG	1-stufig ATL-VTG
T_{LL}	°C	38,8	38,8	38,8
P2E1	bar	2,12	1,71	2,14
AGR-Rate	%	28,9	16,1	28
EM_{HE}	mg/Hub	125	125	125
P_{Rail}	bar	1626	1626	1626
EM_{VE}	mg/Hub	5,7	5,7	5,7
$\Delta d\text{-}EB_{VE}$	°KW n. ZOT	-8,06	-8,06	-8,06

Motor ohne WHR-System

Für den betrachteten WHSC-Betriebspunkt befindet sich der höchste thermische Wirkungsgrad bei dem Haupteinspritzbeginn von ca. 8 °KW vor ZOT und damit der Verbrennungsschwerpunktlage von ca. 5,8 °KW nach ZOT. Eine Verschiebung des Haupteinspritzbeginns sowohl nach früh als auch nach spät von diesem Zeitpunkt führt zur Abnahme des effektiven Wirkungsgrads. Ausgehend von dem frühestmöglichen Haupteinspritzzeitpunkt nehmen die lokalen Spitzentemperaturen und die gemittelten Temperaturen von Arbeitsgas durch Verschiebung des Einspritzbeginns nach spät in Richtung der Expansionsphase ab. Die damit treibende Temperaturdifferenz zwischen Gas und Motorstruktur reduziert, was die abnehmenden Wandwärmeverluste bei der Variation zur Folge hat. Die Abgasenthalpieströme $\dot{Q}_{AGK}$ steigen bei der Variation an. Dafür gibt es zwei Gründe: Zum einen nehmen die Abgastemperaturen aufgrund der verlängerten Brenndauern und reduzierten Spitzentemperaturen zu. Zum anderen nehmen die angesaugten Frischluftmassenströme aufgrund der reduzierten Brennrauminnentemperaturen von frühestmöglichem bis spätestmöglichem Einspritzbeginn zu (vgl. Gl. 4.5). Bei der konstant gehaltenen eingespritzten Kraftstoffmenge steigen die Abgasmassenströme an.

Trotz der gesteigerten Abgastemperaturen nehmen die Abgasenthalpieströme der AGR-Strecke vor dem AGR-Kühler durch Verschiebung des Einspritzbeginns nach spät bei den konstanten AGR-Raten geringfügig zu.

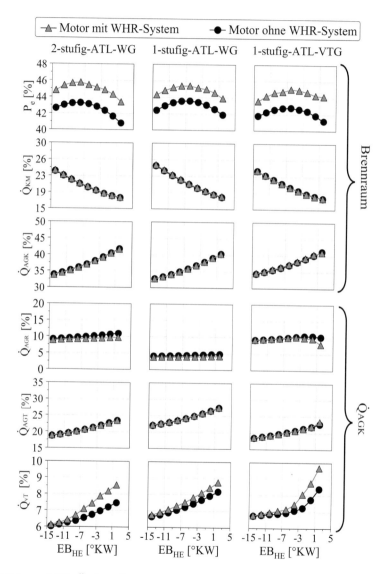

Abbildung 4.20: Äußere Energiebilanz des Motors mit unterschiedlichen Aufladekonzepten und mit/ohne WHR-System bei Variation des Haupteinspritzzeitpunktes im WHSC-Betriebspunkt Nr. 8 mit $n_{Mot}=1310\ \frac{1}{min}$, $M_{Mot}=1154$ Nm, Bild ①

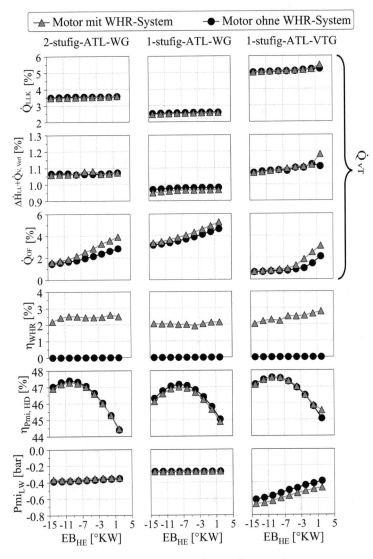

Abbildung 4.21: Äußere Energiebilanz des Motors mit unterschiedlichen Aufladekonzepten und mit/ohne WHR-System bei Variation des
Haupteinspritzzeitpunktes im WHSC-Betriebspunkt Nr. 8 mit
n_{Mot}=1310 $\frac{1}{min}$, M_{Mot}=1154 Nm, Bild ②

Die Zunahme der $\dot{Q}_{AGK}$ führt größtenteils zur Steigerung der Abgasenthalpieströme nach der Turbine und des Teils von $\dot{Q}_{VT}$. Bei der Variante 2-stufig-ATL-
WG steigen die Abgasenthalpieströme nach der Turbine um ca. 4,7 % bezüglich
der gesamten zugeführten Energie des Kraftstoffs durch Verschiebung des Einspritzbeginns von 14 °KW vor ZOT bis 2 °KW nach ZOT an. Die Steigerung
von diesem Teil bei 1-stufig-ATL-WG ist vergleichsweise größer und beträgt
ca. 5,1 %. Bei 1-stufig-ATL-VTG ergibt sich der Wert von 4,2 %.

Eine deutliche Zunahme der $\dot{Q}_{VT}$ wird über die Variation hinweg erzielt. Diese
Zunahme ist hauptsächlich auf die Oberflächenwärmeverluste, die aufgrund der
Anhebung der Abgastemperaturen über die Variation hinweg ansteigen, zurück-
zuführen. Da die Ladelufttemperatur am Austritt des Ladeluftkühlers konstant
gehalten wird, bleibt der Wärmeeintrag ins Kühlmittel beinahe unverändert.
Gleichermaßen gilt es für den Teil von Luftenthalpie und Verdichterverlust
$\Delta \dot{H}_{LL} + \dot{Q}_{V, Verl}$.

Die Tendenzen der Verläufe von indizierten Wirkungsgraden der Hochdruckschleife bei den drei Varianten sind mit denen von Motorwirkungsgrad vergleichbar. Obwohl der Abgasmassenstrom mit Verschiebung des Einspritzbeginns nach spät zunimmt, wird das Bypassventil von ATL-WG immer weiter
geöffnet, um den geforderten Ladedruck bereitzustellen. Der Abgasmassenstrom durch die Turbine reduziert damit geringfügig bei der Variation.

Die Ladungswechselverluste bei ATL-WG nehmen ganz leicht ab. Im Gegensatz
dazu wird eine deutliche Reduzierung der Ladungswechselarbeit bei ATL-VTG
durch Öffnen der Leitschaufeln gezeigt.

Integrationssystem

Die Leistungen aus WHR-System erhöhen sich mit zunehmenden Abgasenthalpieströmen der AGR- und AGT-Strecke. Bei den beiden Abgasturboladern
mit Waste-Gate ist die Zunahme der WHR-Leistung sehr gering. Der prozentuale Anstieg der WHR-Leistung bezüglich der zugeführten Kraftstoffenergie
bei ATL-VTG von Einspritzbeginn 14 °KW vor ZOT bis 2 °KW nach ZOT
beträgt ca. 0,7 %. Mit der zusätzlichen Leistung aus WHR-System nimmt
der effektive Wirkungsgrad des Integrationssystems zu. Die Verschiebung des
Haupteinspritzzeitpunktes hat den Wirkungsgradoptimalen Bereich bei den beiden Abgasturboladern mit Waste-Gate nicht geändert. Bei ATL-VTG befindet

sich der wirkungsgradgünstigen Einspritzbeginn in der Nähe von 6 °KW vor ZOT.

Die Verläufe der jeweiligen Anteile der äußeren Energiebilanz von dem Integrationssystem und dem Motor ohne WHR-System sind wie in der Variation zuvor annähernd deckungsgleich. Mit der Betriebspunktsverschiebung fällt der indizierten Mitteldruck der Hochdruckschleife leicht ab.

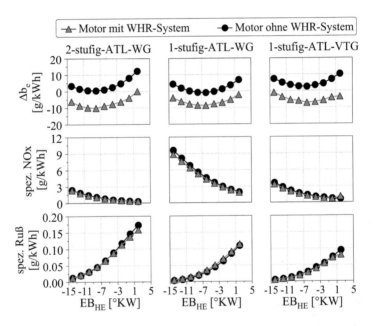

Abbildung 4.22: Spezifische Kraftstoffverbräuche und Emissionen des Motors mit unterschiedlichen Aufladekonzepten und mit/ ohne WHR-System bei Variation des Haupteinspritzzeitpunktes im WHSC-Betriebspunkt Nr. 8 mit $n_{Mot}=1310 \frac{1}{min}$, $M_{Mot}=1154\,Nm$

In Abbildung 4.22 sind die Ergebnisse der Variationsrechnungen für die spezifischen Kraftstoffverbräuche, NO_x-Rohemissionen und Rußemissionen dargestellt. Die Verläufe der Änderungen von den spezifischen Kraftstoffverbräuchen stimmen bei der konstanten Kraftstoffmenge mit den Verläufen der effektiven

Wirkungsgrade überein. Der geringste spezifische Kraftstoffverbrauch wird für alle Varianten bei dem Haupteinspritzbeginn von ca. 8 °KW vor ZOT erreicht. Durch Einsatz des WHR-Systems bei dem Motor wird eine maximale Kraftstoffeinsparung von 10 g/kWh erzielt. Die mit Spätverschiebung des Einspritzbeginns abfallenden lokalen Spitzentemperaturen führen zur stetig reduzierten NO_x-Rohemissionen. Da die Verbrennung mit späterem Einspritzverlauf in Richtung der Expansionsphase verschoben wird, steht geringe Zeit für die Rußoxidation. Dies hat eine deutliche Zunahme der Rußemissionen bei der Variation des Haupteinspritzzeitpunktes zur Folge.

4.3.6 Variation der Voreinspritzparameter

Die Voreinspritzung wird aus akustischen Gründen bei Dieselmotoren durchgesetzt. Vor der Haupteinspritzung wird eine kleine Menge der Kraftstoffe eingespritzt. Die Verbrennung dieser voreingespritzten Kraftstoffe während der Kompressionsphase erhöht das Druck- und Temperaturniveau zum Zeitpunkt der Haupteinspritzung. Der Zündverzug der Haupteinsprtzung wird dadurch verkürzt. Der Kraftstoffanteil für die vorgemischte Verbrennung nimmt ab. Das Motorgeräusch wird dadurch reduziert.

Tabelle 4.7: Randbedingungen für Variation der Voreinspritzparameter

		2-stufig ATL-WG	1-stufig ATL-WG	1-stufig ATL-VTG
T_{LL}	°C	38,8	38,8	38,8
P2E1	bar	2,12	1,71	2,14
AGR-Rate	%	28,9	16,1	28
EM_{HE}	mg/Hub	125	125	125
P_{Rail}	bar	1626	1626	1626

Im Folgenden werden die Einflüsse des Einspritzbeginns und der Menge von Voreinspritzungen auf die äußere Energiebilanz des Motors sowie des Integrationssystems diskutiert. Dafür werden die Simulationen vor allem mit variierenden Zeitpunkten der Voreinspritzung und anschließend mit variierenden

Menge der Voreinspritzung durchgeführt. Über die Variation des Voreinspritzzeitpunktes hinweg bleibt die Einspritzmenge von 5,7 mg/Hub konstant. Bei
der Variation der Voreinspritzmenge wird hingegen der Voreinspritzbeginn
von 17,41 °KW vor ZOT konstant gehalten. Bei der Variation werden keine
Veränderungen der Haupteinspritzung vorgenommen und die Motorparameter
von Ladedruck, Ladelufttemperatur am Austritt des Ladeluftkühlers, AGR-Rate
und Raildruck konstant gehalten. In Tabelle 4.7 sind die Randbedingungen für
die Variation der Voreinspritzparameter aufgelistet.

In Abbildungen 4.23 ist die Energiebilanz innerhalb des Brennraums (entspricht
der inneren Energiebilanz) bei Variation des Voreinspritzzeitpunktes dargestellt.

Motor ohne WHR-System

Durch Verschiebung des Voreinspritzbeginns nach spät in Richtung von ZOT
wird der Zündverzug der Hauptverbrennung aufgrund des höheren Zylinderdruck zum Zeitpunkt der Einspritzung verkürzt. Es führt zu einem kleinen
vorgemischten Anteil der Hauptverbrennung. Dadurch nehmen der Spitzendruck und die lokale Spitzentemperatur leicht ab. Die Brenndauer wird über die
Variation des Voreinspritzbeginns in Richtung von ZOT hinweg geringfügig
verkürzt. Gleichzeitig nehmen die gemittelte Zylinder- und Abgastemperatur
leicht ab. Die damit treibende Temperaturdifferenz zwischen Gas und Motorstruktur reduziert, was zu einer Reduzierung der Wandwärme mit Verschiebung
des Voreinspritzzeitpunktes in Richtung von ZOT führt.

Bei den Abgasenthalpieströmen treten keine nennenswerten Änderungen auf.
Es besteht aufgrund der abfallenden Wandwärmeverluste eine Verbesserung des
Motorwirkungsgrads. Gleichermaßen steigt der indizierte Mitteldruck durch
Verschiebung des Voreinspritzbeginns nach spät leicht an. Insgesamt fallen je-
doch sehr geringe Änderungen der jeweiligen Anteile der inneren Energiebilanz
aus.

Integrationssystem

Da die gesamten Abgasenthalpieströme über die Variation des Voreinspritz-
punktes hinweg unverändert bleiben, resultiert eine konstante Leistung aus
WHR-System. Bei den Varianten von 2-stufig-ATL-WG und 1-stufig-ATL-
VTG ergibt sich eine Leistung von ca. 2,3 % in Bezug auf die zugeführte
Kraftstoffenergie. Bei der Variante von 1-stufig-ATL-WG beträgt es ca. 2%.

Die jeweiligen Anteile der äußeren Energiebilanz des Motors sowie des Integrationssystems besitzen über die Variation des Voreinspritzzeitpunktes hinweg keine Änderungen.

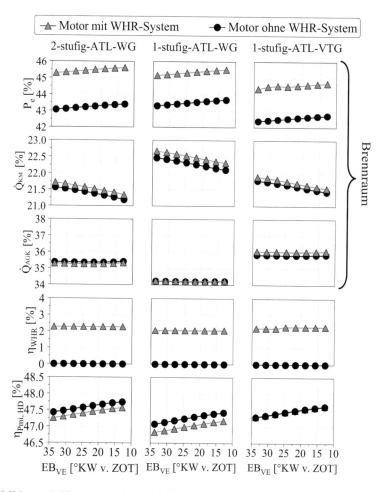

Abbildung 4.23: Innere Energiebilanz des Motors mit unterschiedlichen Aufladekonzepten und mit/ohne WHR-System bei Variation des Voreinspritzzeitpunktes im WHSC-Betriebspunkt Nr. 8 mit $n_{Mot}=1310 \ \frac{1}{min}$, $M_{Mot}=1154$ Nm, Bild ①

Als Ergänzung sind die prozentualen Darstellungen der jeweiligen Anteile im Anhang A.6 beigefügt.

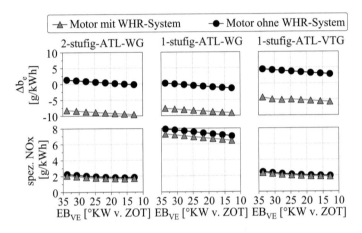

Abbildung 4.24: Spezifische Kraftstoffverbräuche und Emissionen des Motors mit unterschiedlichen Aufladekonzepten und mit/ohne WHR-System bei Variation des Voreinspritzzeitpunktes im WHSC-Betriebspunkt Nr. 8 mit $n_{Mot}=1310 \frac{1}{min}$, $M_{Mot}=1154$ Nm

In Abbildung 4.24 werden die Ergebnisse der Variationsrechnungen für die spezifischen Kraftstoffverbräuche und NO_x-Rohemissionen gezeigt. Aufgrund der leicht reduzierten lokalen Spitzentemperaturen nehmen die spezifischen NO_x-Emissionen durch Verschiebung des Voreinspritzbeginns nach spät ab.

Bei der Variation des Raildrucks wurde es gezeigt, dass durch Erhöhung des Einspritzdrucks und daraus resultierende Änderung der Einspritzverlaufsformung mehr Kraftstoffe bei der Voreinspritzung eingespritzt werden. Damit nimmt die Umsetzung bereits in der Vorverbrennung zu. Um die Einflüsse der Voreinspritzmenge auf verschiedene Systeme qualitativ und isoliert darzulegen, wird im Folgenden eine Untersuchung durch Vorgabe der variierenden Kraftstoffmenge für die Voreinspritzung durchgeführt.

Die Voreinspritzmenge variiert bei der Variationsrechnung in Schritten von 1 mg/Hub im Bereich von 1 mg/Hub bis 8 mg/Hub. Die Zeitpunkte sowohl von der Voreinspritzung als auch von der Haupteinspritzung bleiben bei den Variationen unverändert.

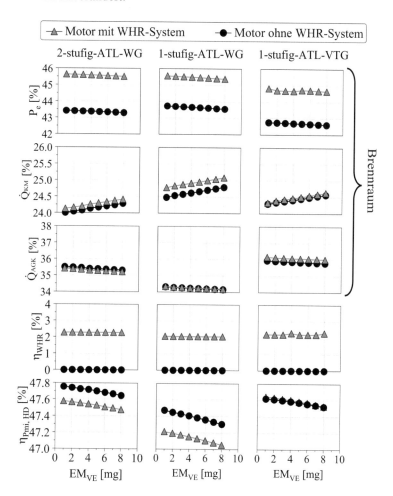

Abbildung 4.25: Innere Energiebilanz des Motors mit unterschiedlichen Auflade-konzepten und mit/ohne WHR-System bei Variation der Voreinspritzmenge im WHSC-Betriebspunkt Nr. 8 mit $n_{Mot}=1310 \frac{1}{min}$, $M_{Mot}=1154$ Nm, Bild ①

Da die gesamt eingespritzte Kraftstoffmenge konstant gehalten wird, wird die
Haupteinspritzmenge für jeden Variationspunkt angepasst. In Abbildung 4.25
sind die Änderungen der inneren Energiebilanz verschiedener Systeme bei der
Variation der Voreinspritzmenge dargestellt.

Die zunehmende Voreinspritzmenge führt zu einem Anstieg der Vorverbrennung. Der Zündverzug der Hauptverbrennung reduziert aufgrund der höheren
Brennraumtemperatur. Damit erhöht sich der vorgemischte Anteil der Hauptverbrennung. Der Spitzendruck und die lokale Spitzentemperatur nehmen über die
Variation der Voreinspritzmenge hinweg zu. Aufgrund der reduzierten Haupteinspritzmenge fällt die Abgastemperatur ab. Der insgesamt über das Arbeitsspiel
mit der Voreinspritzmenge steigende Wandwärmestrom $\dot{Q}_{KM}$ resultiert aus der
größeren Wärmemenge, die im Bereich des oberen Totpunkts aufgrund der
stärkeren Vorverbrennung freigesetzt wird. Mit reduzierter Abgastemperatur
nimmt der Abgasenthalpiestrom $\dot{Q}_{AGK}$ über die Variation der Voreinspritzmenge hinweg ab.

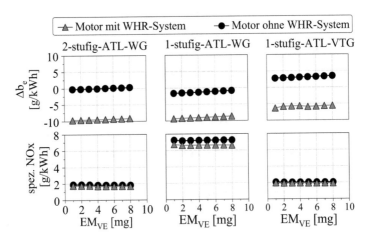

Abbildung 4.26: Spezifische Kraftstoffverbräuche und Emissionen des
Motors mit unterschiedlichen Aufladekonzepten und
mit/ohne WHR-System bei Variation der Voreinspritzmenge im WHSC-Betriebspunkt Nr. 8 mit n_{Mot}=1310 $\frac{1}{min}$,
M_{Mot}=1154 Nm

Die Zusammenwirkung von steigender Wandwärme und abnehmendem Abgasenthalpiestrom führt zu einem reduzierten Motorwirkungsgrad. Die Änderungen der Energiebilanz sind jedoch generell sehr gering. Über die Variation der Voreinspritzmenge hinweg is daher keine nennenswerte Änderung der Leistung aus WHR-System zu erkennen.

In Abbildung 4.26 werden die Ergebnisse der Variationsrechnungen von der Voreinspritzmenge für die spezifischen Kraftstoffverbräuche und NOx-Rohemissionen gezeigt. Mit zunehmender Voreinspritzmenge steigt der spezifische Kraftstoffverbrauch an. Aufgrund der zunehmenden lokalen Verbrennungstemperatur erhöht sich die spezifische NO_x-Rohemission über die Variation der Voreinspritzmenge hinweg. Allerdings sind die Änderungen sehr klein.

5 Optimierung des Integrationssystems

Im letzten Kapitel wurden die Einflüsse unterschiedlicher Motorparameter auf das integrierte System bei einem einzelnen WHSC-Betriebspunkt dargestellt. Dabei wurden die Parameter isoliert betrachtet, d.h. nur ein Parameter wird verändert, während alle anderen konstant gehalten werden. Im realen Motorbetrieb treten jedoch mehrere Änderungen gleichzeitig auf. Des Weiteren wird das gesamte Motorkennfeld benötigt, um den transienten Betrieb in einem Fahrzyklus zu ermöglichen. Die Aufgabe, die Parameter durch optimale Einstellung der Stellgrößen im gesamten Kennfeldbereich zu steuern und regeln, übernehmen die digitale Motorsteuerung (ECU) (vgl. Abschnitt 2.5 in Kapitel 2) und die nachgeschalteten Regler.

Die ursprüngliche Applikation der Motorsteuerung wurde für den Serienmotor abgestimmt. Bei der Integration des WHR-Systems mit dem Verbrennungsmotor muss die Applikation aufgrund der Wechselwirkungen zwischen den Subsystemen entsprechend angepasst werden. Diese Anpassung erfolgt mit Optimierung der Führungsgrößen-Kennfelder für den Verbrennungsmotor. In diesem Kapitel sollen die Ziele erreicht werden, sowohl das Verfahren zur Optimierung von Führungsgrößen-Kennfeldern als auch die mit der Optimierung erzielten weiteren Potentiale hinsichtlich des Kraftstoffverbrauchs und der Emissionen aufzuzeigen. In der vorliegenden Arbeit wird die Optimierung ausschließlich bei dem zweistufig aufgeladenen Motor mit dem integrierten WHR-System durchgeführt.

Bei der Methode zur Optimierung handelt es sich um die im Abschnitt 2.5, Kapitel 2 bereits vorgestellte modellbasierte Sollwert-Optimierung. Um den mit DoE-Design erzeugten zahlreichen Versuchspunkten Rechnung zu tragen, ist ein Modell für das Integrationssystem mit hoher Rechengeschwindigkeit erforderlich. Bei dem bisher verwendeten Modell werden das detaillierte Motormodell und das physikalische WHR-Systemmodell direkt gekoppelt. Es kann die hohe Anforderung an der Rechenzeit nicht erfüllen. Deshalb wird in dem ersten Abschnitt dieses Kapitels ein schnelllaufendes Modell des Integrationssystems erstellt. Es gilt als die Vorbereitung für die Optimierung. Der wesentliche Teil der Optimierung für das Integrationssystem wird in dem anschließen Abschnitt vorgestellt. Die Ergebnisse der Simulationen mit dem Modell des optimierten Integrationssystems in den definierten Fahrzyklen werden am Ende des Kapitels in einem eigenen Abschnitt diskutiert.

5.1 Schnelllaufendes Modell des Integrationssystems

Aufgrund der thermischen Trägheit von Ethanol nimmt das WHR-System beim Anfahren eines Betriebspunktes bis zum Erreichen des stationären Zustands aller relevanten Größen (z.b. Drücke, Temperaturen, usw.) lange Zeit, ca. 300 bis 500 s, in Anspruch. Das Trägheitsverhalten des WHR-Systems wird mit dem physikalischen Modell abgebildet. Bei der direkten Modellkopplung von Verbrennungsmotor und WHR-System wird eine Kombination von expliziten und impliziten Solvern eingesetzt. Der explizite Solver wird zur Simulation des Motors und der implizite für das WHR-System verwendet, vgl. Abschnitt 2.4 Kapitel 2. Als Folge davon ist die große Rechenzeit bei der Simulation eines stationären Betriebspunktes[‡]. Ein derartiges Modell, wie es im letzten Kapitel verwendet wurde, ist für die spätere Anwendung bei der modellbaierten Optimierung nicht geeignet, da eine große Anzahl von DoE-Versuchspunkten berechnet werden muss. Um diesen Punkten Rechnung zu tragen, wird ein schnelllaufendes Modell für das Integrationssystem benötigt.

Zur Aufstellung des schnelllaufenden Modells für das Integrationssystem werden zwei Maßnahmen ergriffen:

1. Ersatz des detaillierten Motormodells durch das in Abschnitt 3.1.4, Kapitel 3 abgestimmte schnelllaufende Motormodell

2. Ersatz des physikalischen WHR-Systemmodells durch ein statistisches Modell oder die Kennfelder mit den entsprechenden Eingang- und Ausgangsgrößen

---

[‡]Ein Beispiel: Die Rechendauer bei dem Betriebspunkt mit 1300 1/min und 1185 Nm beträgt 72 min für eine eingestellte Simulationszeit von 300 s an einem Desktop-Rechner mit einem i7-9700K 3.60 GHz-Prozessor. Die Rechendauern unterschiedlicher Betriebspunkte variieren je nach den Randbedingungen von 60 min bis 200 min.

Aufgrund der einfachen Handhabbarkeit werden hierbei die Kennfelder verwendet. Die Kennfelder sollen bei Vorgabe der variierenden Zahlenwerte von den Eingangsgrößen die Ausgangsgrößen zur Verfügung stellen, die mit den Ergebnissen der Berechnungen mit dem physikalischen Modell identisch sind oder sie möglichst genau approximieren. Die Werte der Ausgangsgrößen aus den Kennfeldern für das WHR-System werden bei dem schnelllaufenden Motormodell an den entsprechenden Stellen vorgegeben. Mit dieser Vorgehensweise wird die Rechenzeit bei der Simulation der Stationärbetriebspunkte stark reduziert.

Abbildung 5.1 gibt einen Überblick über die Eingangs- und Ausgangsgrößen des WHR-Systems, die für Modellkopplung unter Berücksichtigung der Wechselwirkungen zwischen dem Verbrennungsmotor und dem WHR-System relevant sind.

Abbildung 5.1: Eingangs- und Ausgangsgrößen des WHR-Systemmodells

Die Motordrehzahl n_{mot} und der Motordrehmoment M_{mot} auf der Eingangsseite dienen zur Definition der Betriebspunkte und werden bei dem WHR-Systemmodell vorgegeben. Die Werte von dem Kühlmittelmassenstrom $\dot{m}_{KM}$ und der Kühlmitteltemperatur $T_{KM, Kond, e}$ am Eintritt des WHR-Kondensators werden aus den Kennfeldern in Abbildung 3.34 entnommen und als Randbedingungen für die Betriebspunkte individuell eingesetzt. Damit bleibt die Kühlung bei einem mit Motordrehzahl und -drehmoment definierten Betriebspunkt unverändert. Bei der Simulation eines stationären Betriebspunktes mit dem direkt gekoppelten Motor- und WHR-Systemmodell ergeben sich die übrigen Eingangsgrößen für das WHR-System, also Abgasmassenstrom über AGT-Strecke $\dot{m}_{AGT}$, Abgastemperatur am Eintritt des AGT-Verdampfers $T_{Abg, AGT-V, e}$, Abgasmassenstrom über AGR-Strecke $\dot{m}_{AGR}$, Abgastemperatur am Eintritt des AGR-Verdampfers $T_{Abg, AGR-V, e}$, unmittelbar aus den Berechnungsergebnissen des Motormodells. Zu den Ausgangsgrößen des WHR-Systemmodells, die auf den Verbrennungsmotor rückwirkend beeinflussen, zählen die Turbinenleistung $P_{e, T, WHR}$, die Abgastemperatur am Austritt des AGR-Verdampfers $T_{Abg, AGR-V, a}$ und die Druckverluste über die WHR-AGT-Strecke ΔP_{AGT}.

Zur Generierung der Kennfelder wird ein DoE-Verfahren ausgelegt. Dabei wird die ursprüngliche Kennfeldrasterung aus Messungen übernommen, d.h. die Betriebspunkte werden gleich wie in den gemessenen Kennfeldern definiert. Demnach sind die oben aufgeführten vier übrigen Eingangsgrößen die zu variierenden Größen für das DoE-Design.

Die Grenzen der Variationsräume (vgl. Abschnitt 2.5.1, Kapitel 2) der Abgastemperaturen werden wie folgt gewählt:

- **Abgastemperatur am Eintritt des AGT-Verdampfers $T_{Abg, AGT-V, e}$:**
  Die gemessene Temperatur des Abgases nach der Turbine des ND-Abgasturboladers dient als Ausgangswert. Eine Temperatur mit 100 K unterhalb der gemessenen Abgastemperatur wird als untere Grenze gesetzt. Die obere Grenze liegt hingegen bei 100 K oberhalb der gemessenen Abgastemperatur.

- **Abgastemperatur am Eintritt des AGR-Verdampfers $T_{Abg, AGR-V, e}$:**
  Da sich die Entnahmestelle der Abgasrückführung im Abgaskrümmer befindet, liegt die Abgastemperatur der AGR-Strecke höher als die der AGT-Strecke, sofern eine Abgasrückführung bei dem angefahrenen Betriebspunkt vorhanden ist. Statt der Variation der AGR-Abgastemperatur wird eine Temperaturdifferenz $\Delta T_{Abg, AGR-V}$ von 10 K bis zu 150 K variiert. Aus der Summe von $\Delta T_{Abg, AGR-V}$ und $T_{Abg, AGT-V, e}$ ergibt sich die Abgastemperatur am Eintritt des AGR-Verdampfers.

Zur Bestimmung der Variationsräume der Abgasmassenströme wird auf die äußere Energiebilanz des Motors zurückgegriffen. Mit den Messungen am Motorprüfstand und auch den Simulationsergebnissen mit dem Motormodell wird es festgelegt, dass ein Anteil von ca. 30% bis zu 45% (betriebspunktabhängig) der gesamten, chemischen Kraftstoffenergie $\dot{Q}_B$ als Abgasenergie $\dot{Q}_{AGK}$ (siehe

Abschnitt 4.1, Kapitel 4) aus dem Brennraum abgeführt wird [§]. Ausgehend von dieser Orientierung kann für jeden Betriebspunkt die Abgasenergie bei dem DoE-Design innerhalb der bestimmten Grenzen variierend eingestellt werden. Mit einer Toleranz von 5% wird der Anteil von 25% der gesamten, chemischen Kraftstoffenergie als untere Grenze und 50% als obere Grenze für die zur Restwärmenutzung verfügbaren Abgasenergien gesetzt.

Basierend auf diesen Grenzen erfolgt die Bestimmung der Variationsräume der Abgasmassenströme wie folgt:

- **Abgasmassenstrom über AGT-Strecke $\dot{m}_{AGT}$:**

Die mit der gemessenen Kraftstoffmenge berechnete Kraftstoffenergie $\dot{Q}_B$ wird zur Berechnung der Abgasenergie $\dot{Q}_{AGK}$ eingesetzt. Hierbei dient der Messwert nur als den Anhaltswert. Der Anteil der Abgasenthalpie bei der AGT-Strecke an der gesamten Abgasenergie variiert von 60 % bis zu 100 %, dabei 100 % den Betrieb des Motors ohne Abgasrückführung bedeutet. Der Abgasmassenstrom durch die AGT-Strecke wird anschließlich nach Gl. 2.7 mit der Abgastemperatur am Eintritt des AGT-Verdampfers und der spezifischen Wärmekapazität des Abgases (siehe Anhang A.1) berechnet.

- **Abgasmassenstrom über AGR-Strecke $\dot{m}_{AGR}$:**

Entsprechend dem Anteil der Abgasenthalpie bei der AGT-Strecke variiert der Anteil der Abgasenthalpie bei der AGR-Strecke an der gesamten Abgasenergie zwischen 0 % und 40 %. Der Abgasmassenstrom durch die AGR-Strecke wird nach Gl. 2.7 mit der Abgastemperatur am Eintritt des AGR-Verdampfers und der spezifischen Wärmekapazität des Abgases berechnet.

Bei der Erstellung der statistischen Versuchsplanung wird das in GT-Suite verfügbare Algorithmus „D-Optimal Latin Hypercube" verwendet. Bei dem Algorithmus handelt es um eine Kombination von dem LHS-Verfahren und dem modellbaierten Versuchsplan D-Optimal. Bei jedem Betriebpunkt werden 30 DoE-Versuchen erzeugt. Für die allen 158 Betriebspunkte im gesamten Kennfeld werden insgesamt 4740 Versuchen ausgelegt.

[§]Die genauere Aufteilung der Energieströme von $\dot{Q}_{AGK}$, z.B. der Teil von $\dot{Q}_{vT}$ in Abbildung 4.1, wird nicht berücksichtigt, da das DoE unabhängig von dem Motorkonzept und der Betriebsstrategie ausgelegt werden soll.

Die Versuchspunkte werden mit dem „Stand-alone" Modell des WHR-Systems berechnet. Die Berechnungsergebnisse für die Parameter $P_{e,T,WHR}$, $T_{Abg,AGR-V,a}$, ΔP_{AGT} und die Eingangsgrößen $[n_{mot}, M_{mot}, \dot{m}_{AGT}, \dot{m}_{AGR}, T_{Abg,AGT-V,e}, T_{Abg,AGR-V,e}]^T$ werden in die multidimensionalen Kennfelder [89] eingepflegt.

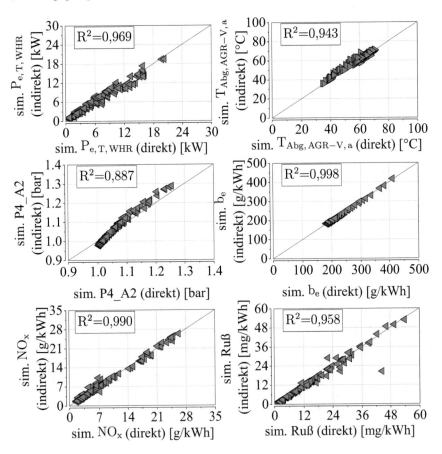

Abbildung 5.2: Vergleich zwischen dem schnelllaufenden und dem detailliert aufgebauten Integrationssystemmodell

Die Kennfelder werden nun bei dem schnelllaufenden Modell eingesetzt. Die Ausgangsgrößen der Kennfelder werden an den entsprechenden Stellen vorgegeben. Um die Güte des schnelllaufenden Modells für das Integrationssystem zu prüfen, werden die 158 Betriebspunkte des Kennfeldes sowohl mit dem detaillierten Modell als auch mit dem schnelllaufenden Modell simuliert. Anschließend werden die Ergebnisse miteinander verglichen.

In Abbildung 5.2 werden die Simulationsergebnisse aus den beiden Modellen gegenübergestellt. Auf den x-Achsen der Diagramme werden die Ergebnisse aus dem detaillierten Modell dargestellt, bei dem die Modelle der Subsysteme unmittelbar gekoppelt werden. Auf den y-Achsen werden die Ergebnisse aus dem schnelllaufenden Modell dargestellt, die mit „indirekt" gekennzeichnet sind.

Bei den Simulationen werden gleiche Randbedingungen, z.B. Einspritzparameter, Reglerparameter, Kühlmitteltemperatur und -massenstrom (nur bei dem direkt gekoppelten modell, da bei dem schnelllaufenden Modell die Informationen für die Kühlungen in den Kennfeldern des WHR-Systems bereits inbegriffen sind.) für beide Modelle eingesetzt. In Abbildung 5.2 sind neben den drei Ausgangsvariablen der Kennfelder für das WHR-System noch die für die spätere Motoroptimierung benötigten spezifischen Krafstoffverbräuche und NO_x-/Ruß-Emissionen dargestellt. Mit den hohen Bestimmtheitsmaßen gibt das schnelllaufende Modell für das Integrationssystem das detaillierte Modell sehr gut wieder. Für die folgende modellbasierte Motoroptimierung ist demnach das schnelllaufende Modell einsatzbereit.

5.2 Modellbasierte Motoroptimierung

Die modellbaierte Motoroptimierung erfolgt mit der Vorgehensweise, die in Abschnitt 2.5, Kapitel 2 vorgestellt wurde. Die Konsequenz einer Optimierung ist, wie einleitend bereits erläutert, die Kennfelder der optimalen Einstellungswerte von Stellgrößen zu erzeugen. Zu den Stellgrößen gehören bei dem eingesetzten zweistufig aufgeladenen Nutzfahrzeugmotor Vor- und Haupteinspritzbeginn, Voreinspritzmenge, Raildruck, Ladedruck und Frischluftmassenstrom.

Da die modellbasierte Optimierung eine hohe Anforderung an Rechenzeit (vgl. Abschnitt 2.5) stellt, wird ein statistisches Modell für den Verbrennungsmotor mit dem integriertem WHR-System benötigt. Um solches Modell zu erstellen, ist ein DoE-Design innerhalb bestimmter Variationsräume der oben aufgeführten Stellgrößen auszulegen. In Tabelle 5.1 sind die Grenzen von Variationsraum der jeweiligen Stellgröße aufgelistet.

Während die Grenzen von Haupteinspritzbeginn direkt festgelegt werden, wird der Variationsraum des Voreinspritzzeitpunktes mit dem Abstand zwischen Voreinspritzende und Haupteinspritzbeginn definiert. Dadurch wird eine Überlappung von Vor- und Haupteinspritzverlauf vermieden. Die Voreinspritzmenge variiert basierend auf die Erfahrung und Messdatenanalyse von 2 mg/Hub bis 8 mg/Hub. Der Einspritzdruck wird von 800 bar bis 1800 bar begrenzt. Da der Frischluftmassenstrom als Führungsgröße zur Regelung der AGR-Rate dient, wird hierbei statt des Luftmassenstroms der äquivalente Durchmesser von der Öffnungsfläche des AGR-Ventils variiert. Ähnlich wie Frischluftmassenstrom wird der Ladedruck mit Variation des äquivalenten Durchmessers von der Öffnungsfläche des Waste-Gate-Ventils geändert. Bei der Bestimmung des Variationsraums von D_{WG} wird das gemessene Leckage bei dem vollständigen Schließen des Waste-Gate-Ventils auch berücksichtigt.

Tabelle 5.1: Grenzen von Variationsräumen der Stellgrößen

Stellgröße / Stellglied		Untere Grenze (min)	Obere Grenze (max)
EB_{HE}	°KW n. ZOT	-20	2
$\Delta d\text{-}EB_{VE, Ende}$	°KW n. ZOT	-20	-1
EM_{VE}	mg/Hub	2	8
P_{Rail}	bar	800	1800
D_{AGR}	mm	0	32
D_{WG}	mm	3	44

Die Stellgrößen und Stellglieder in Tabelle 5.1 dienen für das später erstellte statistische Modell als Eingangsgrößen. Entsprechend der Ziele der Optimierungen, siehe Gl. 5.1 und Gl. 5.2, gehören die Motorleistung P_e, der spezifische Kraftstoffverbrauch, die spezifische NO_x-Rohemission, die spezifische Ruß-Rohemission, der Kraftstoffmassenstrom und der Massenstrom der NO_x-Rohemission zu den Ausgangsgrößen des Modells. Die Rußemission ist abhängig von dem Luftverhältnis des Abgases λ_{Abg}, das auch als eine Ausgangsgröße des Modells gilt. Gleich wie bei dem statistischen Modell des WHR-Systems im letzten Abschnitt dienen die Motordrehzahl n_{mot} und der Motordrehmoment M_{mot} zur definition des Betriebspunktes und zählen sie auch zu den Eingangsgrößen des Modells. In Abbildung 5.3 werden die Eingangs- und Ausgangsgrößen des statistischen Modells von dem Integrationssystem gezeigt.

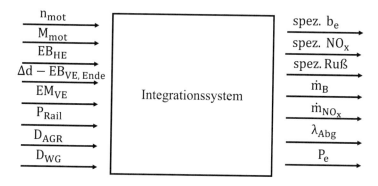

Eingangsgrößen: n_{mot}, M_{mot}, EB_{HE}, $\Delta d - EB_{VE,\,Ende}$, EM_{VE}, P_{Rail}, D_{AGR}, D_{WG}

Integrationssystem

Ausgangsgrößen: spez. b_e, spez. NO_x, spez. Ruß, $\dot{m}_B$, $\dot{m}_{NO_x}$, λ_{Abg}, P_e

Abbildung 5.3: Eingangs- und Ausgangsgrößen des Integrationssystems

Mit den festgelegten Variationsräumen wird nun eine DoE-Auslegung durchgeführt. Das schnelllaufende Modell des Integrationssystems, das im letzten Abschnitt erstellt wurde, wird für die DoE-Rechnungen eingesetzt. Die Auslegung erfolgt immer noch mit dem Algorithmus „D-Optimal Latin Hypercube" in GT-Suite. Bei jedem Betriebspunkt werden 100 DoE-Verschen generiert. Die gesamte eingespritzte Kraftstoffmenge des einzelnen Betriebspunktes wird mit dem Kraftstoffregler geregelt, dadurch die definierte Lastanforderung ständig erfüllt wird. Für die allen 158 Betriebspunkte im gesamten Kennfeld werden insgesamt 15800 Versuchen ausgelegt.

Als Modellierungsumgebung für die Modellausgangsgrößen von dem spezifischen Kraftstoffverbrauch, den spezifischen NOx- und Ruß-Rohemissionen wird das „model based calibration Toolbox (MBC)", welches im Programm MATLAB der Firma MATHWORKS integriert ist, verwendet. Bei der Abbildung der Zusammenhänge zwischen den Eingangs- und Ausgangsgrößen werden die Verfahren von Polynomen, KNN mit Sigmoidfunktion als Aktivierungsfunktion und RBF (vgl. Abschnitt 2.5.3) eingesetzt. Die Modellgüte wird immer noch mit dem Bestimmtheitsmaß R^2 geprüft. Bei dem MBC-Toolbox können die verschiedenen Verfahren gleichzeitig stattfinden. Des Weiteren ermöglicht das Toolbox eine automatische Wahl des Verfahrens und der Ergebnisse basierend auf die Modellgüte.

Die Berechnungsergebnisse der Ausgangsgrößen aus dem statistischen Modell zeigen eine hohe Übereinstimmung mit denen aus dem schnelllaufenden Modell. Bei den Ausgangsgrößen liegt das Bestimmtheitsmaß durchschnittlich über 95 %. Im Anhang A.7 wird, am Beispiel von einem Betriebspunkt mit n_{mot}=1200 $\frac{1}{min}$, M_{mot}=577 Nm, ein Vergleich zwischen den Ergebnissen für den spezifischen Kraftstoffverbrauch, die spezifischen NO_x-/Ruß-Rohemissionen aus dem statistischen Modell und dem schnelllaufenden Modell von dem Integrationssystem gezeigt. Das statistische Integrationssystemmodell ist mit der stark reduzierten Rechendauer für die anschließenden Optimierungsaufgaben gut geeignet.

Je nach der Zielsetzung kann ein Optimierungsproblem für Motorsteuerung unterschiedlich formuliert werden. In der Literatur [10], [45], [61] [79], werden mehrere Zielgrößen bezüglich des definierten Zyklus gleichzeitig optimiert, z.B. gleichzeitige Minimierung des Kraftstoffverbrauchs und der Emissionen oder Minimierung der NO_x-Emission bei konstant bleibendem Kraftstoffverbrauch. Die Zielgrößen werden unter Berücksichtigung von ihren physikalischen Zusammenhängen in eine Zielfunktion eingepflegt.

Das Optimierungsproblem für das Integrationssystem in dem vorliegenden Kapitel unterscheidet sich von der Mehrziel-Optimierung, die in der Literatur beschrieben wird. Das Hauptziel von dem Einsatz des WHR-Systems bei dem Verbrennungsmotor besteht darin, dass der Kraftstoffverbrauch unter Einhaltung der vorgegebenen Emissionswerte zu minimieren. Die Emissionswerte orientieren sich normalerweise an den gesetzlich vorgeschriebenen Abgasgrenzwerten, vgl. Tabelle 2.2. Daher wird der Kraftstoffverbrauch als die einzelne

Zielgröße der Optimierung verwendet. Die Emissionswerte lassen hingegen in die Beschränkungen mit einfließen.

Eine zyklusbezogene Optimierung ist eine globale Optimierung, bei der mehrere Betriebspunkte gleichzeitig betrachtet werden. Die simultanen iterativen Berechnungen von einer großen Anzahl von Betriebspunkten stellen aufgrund der hohen Dimensionen eine große Herausforderung in Konvergenz und Rechenzeit dar. Für die vorliegenden 158 Stützstellen (158 lokale Modelle) mit 6 Eingangsgrößen ergeben sich 948 Dimensionen (Freiheitsgrade). Um eine schnelle Konvergenz zu erhalten, müssen geeignete initiale Werte der Eingangsgrößen bei den Modellen vorgegeben werden. Die Generierung solcher initialen Werte erfolgt mit der lokalen Optimierung.

Das lokale Optimierungsproblem wird mit Gl. 5.1 beschrieben. Da nur der Kraftstoffverbrauch als Zielgröße der Optimierung betrachtet wird, entspricht die Zielfunktion $f(x)$ dem statistischen Modell mit der Ausgangsgangsgröße von dem spezifischen Kraftstoffverbrauch. Der spezifische Kraftstoffverbrauch bei dem jeweiligen Betriebspunkt o =1, ... ,O, wird durch Einstellung der Eingangsgrößen x_o=[EB$_{HE, o}$, Δd-EB$_{VE, Ende, o}$, EM$_{VE, o}$, P$_{Rail, o}$, D$_{AGR, o}$, D$_{WG, o}$]^T des Modells in den Variationsräumen VR$_o$ minimiert.

$$\min_{\mathbf{x} \in VR} f(\mathbf{x}) = \min_{\mathbf{x}_o \in VR_o} f_o(\mathbf{x}_o)$$

$$\text{u.B.v.} \quad h_{NO_x, o}(\mathbf{x}_o) \leq NO_{x, spez., gem, o},$$

$$\lambda_{Abg, o}(\mathbf{x}_o) \geq 1, 2 \qquad \text{Gl. 5.1}$$

$$o = 1, \ldots, O$$

Bei der lokalen Optimierung werden die NO$_x$- und Ruß-Rohemissionen als Ungleichungsbeschränkungen eingesetzt. Die Funktion $h_{NO_{x,o}}$ entspricht dem statistischen Modell mit der Ausgangsgröße von spezifischer NO$_x$-Rohemission bei dem Betriebspunkt o. Mit den Eingangsgrößen x_o, die über die Optimierung hinweg variieren, wird die spezifische NO$_x$-Rohemission mit der Funktion $h_{NO_{x,o}}$ berechnet. Das Ergebnis wird von der gemessenen spezifischen NO$_x$-Rohemission des Versuchsträgers bei jeweiligem Betriebspunkt begrenzt. Eine Rußgrenze mit dem Luftverhältnis im Abgas von 1,2 [22] wird zur Beschränkung der Ruß-Emission bei allen Betriebspunkten vorgegeben. Außerdem werden die Ergebnisse der DoE-Rechnungen für die Ausgangsgrößen zur

Begrenzung der Optimierungsergebnisse eingesetzt, d.h. die Optimierungsergebnisse müssen innerhalb des Bereichs von DoE-Ergebnissen liegen, um eine
ungeeignete Extrapolation von Optimierungsergebnissen zu vermeiden. Für die
Optimierung wird, wie in Abschnitt 2.5.4 bereits vorgestellt, das Algorithmus
von SQP-Verfahren verwendet.

Das aus der lokalen Optimierung resultierende Ergebnis wird als initiale Be-
dingung für die globale Optimierung eingesetzt. Bei der globalen Zielfunktion
werden mehrere Betriebspunkte gleichzeitig optimiert. Dabei wird der jeweilige
Betriebspunkt $o = 1, \ldots, O$, gewichtet mit der Verweildauer w_o im definierten
Fahrzyklus, zur Zielfunktion summiert und die optimalen Stellgrößen für jeden
Betriebspunkt bestimmt:

$$\min_{\mathbf{x} \in VR} f_{global}(\mathbf{x}) = \min_{\mathbf{x} \in VR} b_e(\mathbf{x}) = \frac{3600 [\frac{s}{h}] \cdot \sum_{o=1}^{O} w_o[s] \cdot \dot{m}_B(\mathbf{x}_o)[\frac{g}{s}]}{\sum_{o=1}^{O} w_o[s] \cdot P_e(\mathbf{x}_o)[\text{kW}]}$$

$$\text{u.B.v.} \quad h_{NO_x, spez, global}(\mathbf{x}) = \frac{3600[\frac{s}{h}] \cdot \sum_{o=1}^{O} w_o[s] \cdot \dot{m}_{NO_x}(\mathbf{x}_o)[\frac{g}{s}]}{\sum_{o=1}^{O} w_o[s] \cdot P_e(\mathbf{x}_o)[\text{kW}]}$$

Gl. 5.2

$$h_{NO_x, spez, global}(\mathbf{x}) \leq NO_{x, spez, sim, Zyk},$$

$$\lambda_{Abg, o}(\mathbf{x}_o) \geq 1,2,$$

$$o = 1, \ldots, O$$

Die Zielfunktion der globalen Optimierung wird aus Gl. 2.18 für den spezifischen Kraftstoffverbrauch und Gl. 2.19 für die spezifischen Emissionen
entwickelt. Der Krastoffmassenstrom $\dot{m}_B(\mathbf{x}_o)$, der Massenstrom der NO_x-
Rohemission $\dot{m}_{NO_x}(\mathbf{x}_o)$ und die Motorleistung $P_e(\mathbf{x}_o)$ werden mit dem statistischen Modell berechnet. Die globale Optimierung orientiert sich an dem
WHTC-Zyklus, der in Abbildung 2.5 in Abschnitt 2.1.6 dargestellt war. Die
Verweildauer des jeweiligen Betriebspunktes in dem WHTC-Zyklus wird mit
der zeitlichen Haufigkeitsverteilung, die in Abbildung 3.42 gezeigt wurde, und
der Zyklusdauer berechnet.

Da ein Modell des Abgasnachbehandlungssystems bei den Untersuchungen in
der vorliegenden Arbeit nicht vorhanden ist, ist es nicht möglich, die gesetzlich
vorgeschriebenen Abgasgrenzwerten als Einschränkungen für die zyklusbezogene Optimierung einzusetzen. Stattdessen wird das Ergebnis der spezifischen
NO_x-Rohemission aus der WHTC-Zyklussimulation mit dem Wert von 2,93

g/kWh (vgl. Abschnitt 3.4, Kapitel 3) als das obere Limit verwendet. Dadurch wird bei unverändertem Abgasnachbehandlungssystem eine Einhaltung der von Abgasnorm EURO-VI vorgeschriebenen Grenzwerte für NO_x-Emission garantiert. Das Luftverhältnis von 1,2 als Rußgrenze für jeden Betriebspunkt eingesetzt. Gleich wie bei der lokalen Optimierung werden die Ergebnisse der DoE-Rechnungen für die Ausgangsgrößen zur Begrenzung der Optimierungsergebnisse verwendet. Bei der globalen Optimierung wird auch das SQP-Verfahren für die iterative Berechnung herangezogen.

In Abbildungen 5.4 und 5.5 werden die Optimierten Kennfelder der Führungsgrößen mit den in der Motorsteuerung applizierten Kennfeldern verglichen. Die ursprünglich applizierten Kennfelder sind auf der linken Seite der Abbildungen dargestellt. Auf der rechten Seite werden die Kennfelder der Differenz zwischen den ursprünglich applizierten und den optimierten Werten der Stellgrößen gezeigt:

$$Wert_{Diff} = Wert_{App} - Wert_{Opt} \qquad \text{Gl. 5.3}$$

Die aus Optimierung resultierenden Änderungen des Einspritzbeginns im gesamten Kennfeld haben eine Drehzahlabhängigkeit gezeigt. Während der Einspritzbeginn im unteren Drehzahlbereich vergleichsweise groß nach spät in Richtung von ZOT verschoben (positiver Wert nach Gl. 5.3) wird, ergeben sich nur geringe Änderungen in den mittleren und höheren Drehzahlbereichen. Die optimierten Zeitpunkte der Voreinspritzung bleiben in den unteren und mittelen Drehzahlbereichen annähernd unverändert. Im höheren Drehzahlbereich wird der Voreinspritzbeginn nach spät in Richtung von ZOT verschoben. Im unteren Drehzahlbereich wird der Einspritzdruck durch Optimierung reduziert. Im Gegensatz dazu erhöht sich der Einspritzdruck in den mittleren und höheren Drehzahlbreichen. Die größte Anhebung des Einspritzdrucks tritt in dem mittleren Drehzahl- und Lastbereich auf. Im Vergleich mit der ursprünglichen Applikation entstehen geringe Änderungen der Voreinspritzmenge im gesamten Kennfeld neben dem Bereich von kleiner Drehzahl und niedriger Last. Die optimierten Ladedrücke weisen im Vergleich mit der ursprünglichen Applikation die reduzierten Werte im weiten Bereich des Kennfelds auf. Im unteren Drehzahlbereich liegen die Reduktionen der Ladedrücke auf einen gleichen niveau. Mit zunehmender Drehzahlen steigen die Differenzen an.

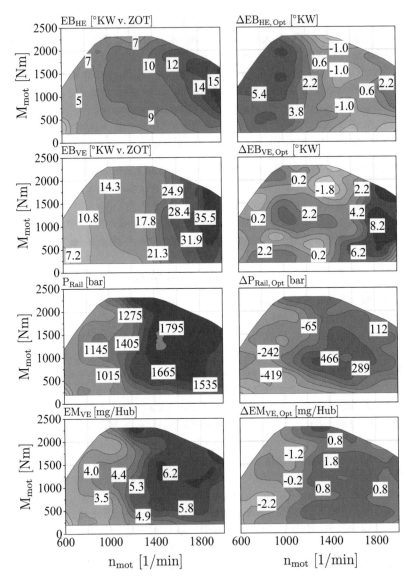

Abbildung 5.4: Vergleich der optimierten Führungsgrößen-Kennfelder mit den in der Motorsteuerung applizierten Kennfeldern, Bild ①

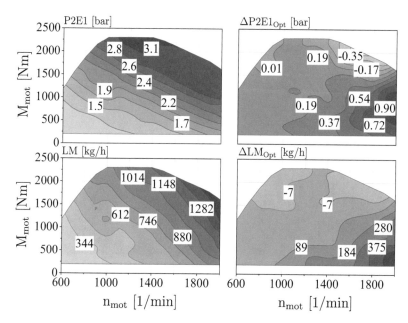

Abbildung 5.5: Vergleich der optimierten Führungsgrößen-Kennfelder mit den in der Motorsteuerung applizierten Kennfeldern, Bild ②

Die optimierten Luftmassenströme besitzen im weiten Bereich des Kennfelds keine nennenswerten Änderungen. Sie werden bei höheren Drehzahlen im Bereich von unterer bis mittlerer Last reduziert.

Die optimierten Führungsgrößen-Kennfelder werden nun bei dem detaillierten Modell des Integrationssystems eingesetzt. Mit diesem Modell wird eine Simulation für den stationären Betrieb bei den 158 Arbeitspunkten im Motorkennfeld durchgeführt.

Um die sich durch Einsatz des WHR-Systems ergebende Effizienzsteigerung des Gesamtsystems quantitativ zu bewerten, werden die stationären Simulationsergebnisse der spezifischen Kraftstoffverbräuche und NO_x-Rohemissionen aus dem Motormodell mit denen aus dem Integrationssystemsmodell mit den ursprünglichen Applikationen sowie den optimierten Führungsgrößen-Kennfeldern verglichen. Bei den Vergleichen werden die Differenzen der spezifischen Kraftstoffverbräuche und NO_x-Rohemissionen zwischen Motor und

Integrationssystem (IS) ohne/mit den optimierten Führungsgrößen-Kennfeldern in Bezug auf die Ergebnisse aus dem Motormodell prozentual berechnet:

$$p.c.\,Wert_{Diff} = \frac{Wert_{mot} - Wert_{IS}}{Wert_{mot}} \cdot 100\% \qquad \text{Gl. 5.4}$$

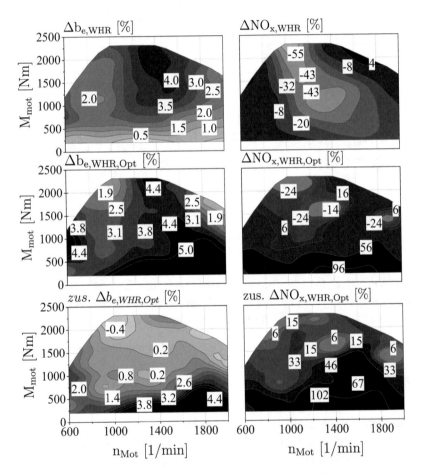

Abbildung 5.6: Prozentuale Darstellung der Kraftstoffeinsparung und der Emissionsreduzierung beim Einsatz von dem WHR-System sowie den optimierten Steuerunggrößen

In Abbildung 5.6 werden die Vorteile von Integrationssystem ohne und mit Einsatz von den optimierten Führungsgrößen-Kennfeldern gegenüber dem Motor hinsichtlich der spezifischen Kraftstoffverbräuche und NO_x-Rohemissionen im Motorkennfeld veranschaulicht.

Der Einsatz des WHR-Systems bei dem Motor ohne Anpassung der Stellgrößen erbringt eine maximale Reduzierung des spezifischen Kraftstoffverbrauchs von ca. 4 %, welche sich im mittleren Drehzahlbereich mit höheren Lasten befindet. Im mittleren Drehzahl- und Lastbereich werden 3 bis 4 % der spezifischen Kraftstoffverbräuche reduziert. Im unteren Drehzahlbereich und auch bei den niedrigen Lasten über den ganzen Drehzahlbereich ergibt sich eine kleine Reduzierung. Im Gegensatz zu dem Kraftstoffverbrauch erhöht sich die NO_x-Rohemission im gesamten Kennfeld durch Einsatz des WHR-Systems bei dem Motor mit den ursprünglich applizierten Stellgrößen. Der höchste Anstieg der NO_x-Rohemission von ca. 43 % wird im mittleren Drehzahl- und Lastbereich erzielt.

Durch Einsatz der optimierten Führungsgrößen-Kennfelder bei dem Integrationssystem ergibt sich ein weiterer Vorteil hinsichtlich der Kraftstoffeinsparung im weiten Bereich des Motorkennfelds. Im Vergleich mit dem grundapplizierten Integrationssystem wird eine geringe zusätzliche Kraftstoffeinsparung im Bereich von mittleren bis höheren Lasten erzielt. Die spezifischen Kraftstoffverbräuche bei den niedrigen Lasten zeigen relativ größere zusätzliche Kraftstoffeinsparungen mit einem maximalen Wert von 4,4 %. Der Einsatz der optimierten Führungsgrößen-Kennfelder ermöglicht eine Reduzierung der NO_x-Rohemission im Vergleich mit den Ergebnissen aus dem Motormodell. Im letzten Diagramm der Abbildung 5.6 sind die prozentualen Differenzen der NO_x-Rohemission von dem Integrationssystem ohne und mit den optimierten Führungsgrößen-Kennfelder dargestellt.

5.3 Simulation in Gesetz-/Kundenzyklus

Um das Potential zur Verbrauchssenkung bei der Integration des WHR-Systems mit dem Motor, die gleichbedeutend mit der Effizienzsteigerung des Gesamtsystems ist, zu bewerten, werden in diesem Abschnitt die Simulationen für

verschiedene Fahrzyklen durchgeführt. Zu den betrachteten Fahrzyklen gehören sowohl die gesetzlichen Zyklen von WHSC und WHVC als auch der
Kundenzyklus, der in Abschnitt 3.4 vorgestellt wurde.

Um die Fahrzyklussimulation durchzuführen, werden die detailliert erstell-
ten Modelle der Subsysteme, also Motormodell, WHR-Systemmodell und
Kühlkreislaufmodell miteinander gekoppelt, was ein Gesamtsystemmodell zur
Folge hat. Der Unterschied zwischen diesem Gesamtsystemmodell und dem
im vorangehenden Kapitel verwendeten detailliert erstellten Integrationsmo-
dell liegt darin, dass bei dem Gesamtsystemmodell, anstelle der Vorgabe von
Kühlmitteltemperatur und -massenstrom, das Kühlkreislaufmodell mit dem
Motormodell direkt gekoppelt wird. Dadurch werden die über den transienten
Zyklus hinweg ständig geänderten Motorwärmeabfuhren bei dem Kühlkreislaufmodell berücksichtigt. Das WHR-Systemmodell wird jedoch nicht mit dem
Kühlkreislaufmodell gekoppelt, da für das WHR-System weiterhin die maximal zulässigen Kondensationswärmeabfuhren als Randbedingung verwendet
wird. Die transienten Wärmeabfuhren werden mit der in Abbildung 3.31 vorgestellten Methode bestimmt und mit dem Kühlkreislaufmodell berechnet. Die
daraus resultierenden Kühlmitteltemperaturen und -massenströme am Eintritt
des Kondensators werden während der Simulation bei dem WHR-System vorgegeben. Die Drehzahl- und Lastprofile, die mit dem Längsdynamikmodell
erzeugt werden, und das Geschwindigkeitsprofil des Zyklus werden bei dem
Gesamtsystemmodell vorgegeben. Daher ist es nicht erforderlich, dass das
Längsdynamikmodell ins Gesamtsystem zu integrieren.

Zunächst wird der WHVC-Zyklus betrachtet. Die Simulation mit dem Motormodell für den WHVC-Zyklus wurde bereits in Abschnitt 3.4, Kapitel 3
durchgeführt. Die Ergebnisse dienen als eine Vergleichsbasis. Im folgenden
finden die Simulationen für das Gesamtsystem jeweils mit den ursprünglich
applizierten Stellgrößen und den Führungsgrößen-Kennfeldern statt. Für die
Simulationen wird eine Umgebungstemperatur von 25 °C eingesetzt. Das Lüf-
terdrehzahlprofil, das aus Basissimulation resultiert, wird bei den Simulationen
für Gesamtsystem vorgegeben, um eine zusätzliche Antriebsleistung des Kühllüfters zu vermeiden. In Abbildung 5.7 sind die aus dem Längsdynamikmodell
resultierenden Drehzahl- und Lastprofile abgebildet. Zudem werden die mit
dem Kühlkreislaufmodell berechneten Verläufe der Kühlmitteltemperatur und
-massenströme gezeigt. Aufgrund der kleinen Unterschiede der Motorwärme-

abfuhren bei den zwei Applikationsvarianten ergeben sich annähernd gleiche Verläufe der Kühlmitteltemperatur und -massenströme.

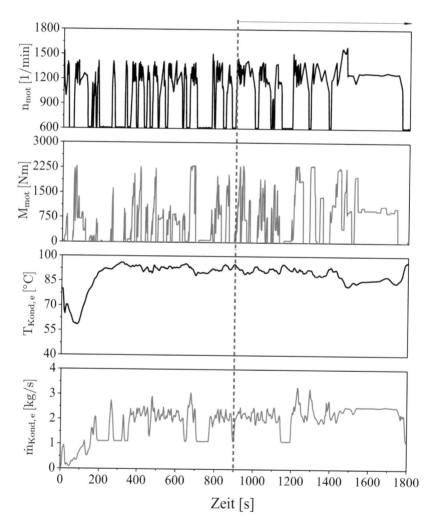

Abbildung 5.7: Randbedingungen der WHVC-Zyklussimulation für das Gesamtsystem

Die Abbildungen 5.8 und 5.9 haben die Ergebnisse der Simulationen von den drei Systemvarianten gezeigt. Vor allem werden die Ergebnisse der im vorangehenden Abschnitt betrachteten Stellgrößen von verschiedenen Systemvarianten gegenübergestellt. Zudem sind die Ergebnisse von den AGR-Raten, den spezifischen Kraftstoffverbräuchen und NO_x-Rohemissionen dargestellt. Für die Darstellungen wird ein Abschnitt des WHVC-Zyklus gewählt, der den Überlandteil und die Autobahnfahrt enthält.

Das Gesamtsystem mit ursprünglicher Applikation besitzt beinahe gleiche Verläufe der Einspritzparameter wie bei dem Motor ohne WHR-System außer den Einspritzdruck. Der Grund dafür liegt darin, dass die Einspritzmenge durch Betriebspunktsverschiebung reduziert, was bei unverändertem Einspritzverlauf zu einem Abstieg des Einspritzsdrucks führt. Aufgrund der Betriebspunktsverschiebung ergeben sich leichte Änderungen der Anforderungen der Ladedrücke und Luftmassenströme. Im Vergleich mit dem Motor ohne WHR-System wird eine reduzierte AGR-Rate bei dem Gesamtsystem mit der ursprünglichen Applikation gezeigt. Folglich entstehen zunehmende NO_x-Rohemissionen im Zyklus. Die Verlauf der spezifischen Kraftstoffverbräuche veranschaulicht eine annähernd durchgängige Verbrauchssenkung über den Zyklus hinweg bei dem Gesamtsystem im Vergleich mit dem Motor ohne WHR-System.

Die im vorangehenden Abschnitt beschriebenen aus Optimierung resultierenden Änderungen von den Stellgrößen bei der stationären Simulation für das Gesamtsystem werden bei der Zyklussimulation wiedergegeben. Mit der optimierten Applikation werden die spezifischen NO_x-Rohemissionen in dem WHVC-Zyklus (hauptsächlich im Überlandteil) im Vergleich mit der ursprünglichen Applikation reduziert. Es ist primär darauf zurückzuführen, dass zum einen die Zeitpunkte des Haupteinspritzbeginns über den Zyklus hinweg nach spät in Richtung von ZOT verschobenen werden, zum anderen sich die AGR-Raten mit den durch Optimierung geänderten Ladedrücken und Luftmassenströmen erhöhen. Außerdem spielen die reduzierten Einspritzdrücke eine weitere Rolle dafür. Der Einsatz der optimierten Stellgrößen erbringt einen zusätzlichen Vorteil hinsichtlich des Kraftstoffverbrauchs. Allerdings ist dieser Vorteil so gering, dass es schwer aus der schematischen Darstellung zu erkennen ist.

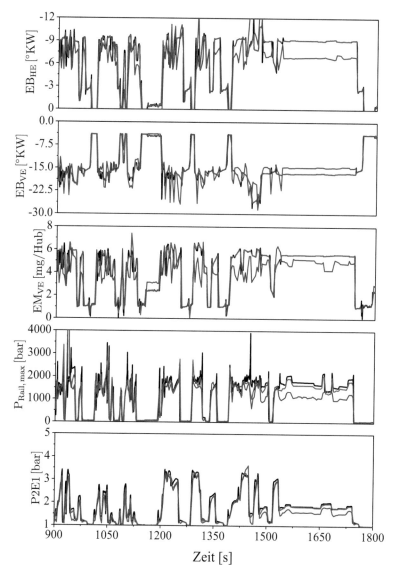

Abbildung 5.8: Vergleich von Ergebnissen der WHVC-Zyklussimulationen (Teilabschnitt) mit den Modellen von dem Motor und dem Gesamtsystem ohne/mit den optimierten Führungsgrößen-Kennfeldern, Bild ①

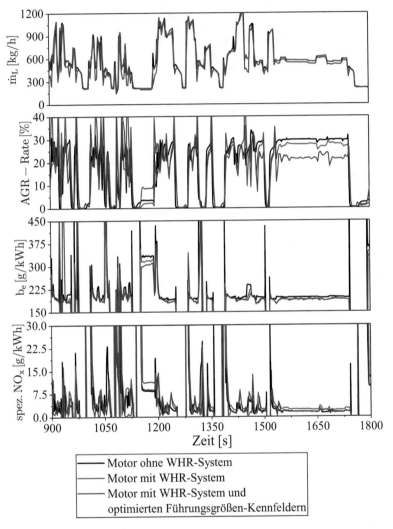

Abbildung 5.9: Vergleich von Ergebnissen der WHVC-Zyklussimulationen (Teilabschnitt) mit den Modellen von dem Motor und dem Gesamtsystem ohne/mit den optimierten Führungsgrößen-Kennfeldern, Bild ②

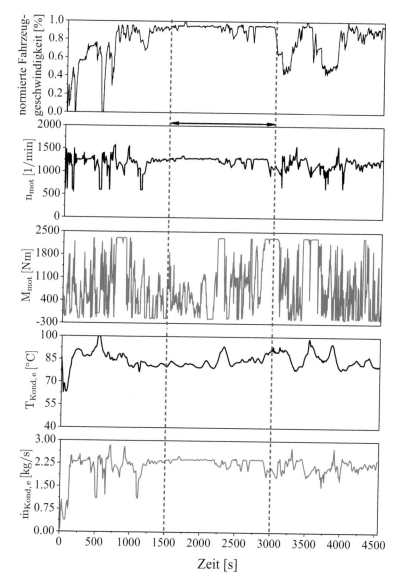

Abbildung 5.10: Randbedingungen der Kundenzyklussimulation für das Gesamtsystem

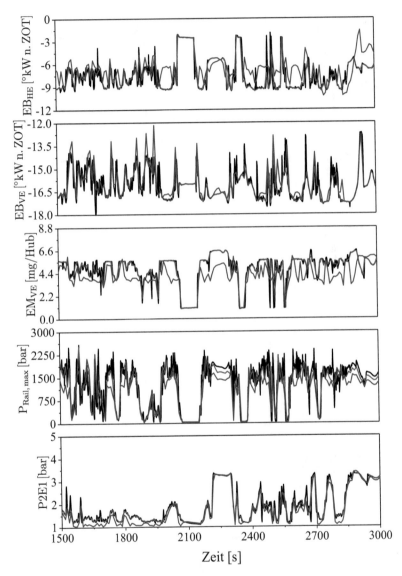

Abbildung 5.11: Vergleich von Ergebnissen der Kundenzyklussimulationen
(Teilabschnitt) mit den Modellen von dem Motor und dem
Gesamtsystem ohne/mit den optimierten Führungsgrößen-
Kennfeldern, Bild ①

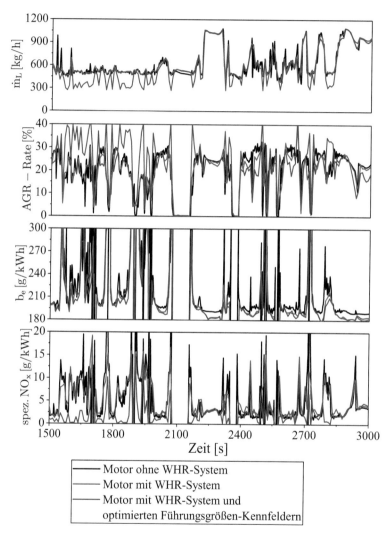

Abbildung 5.12: Vergleich von Ergebnissen der Kundenzyklussimulationen (Teilabschnitt) mit den Modellen von dem Motor und dem Gesamtsystem ohne/mit den optimierten Führungsgrößen-Kennfeldern, Bild ②

Für den Kundenzyklus werden ebenfalls die Simulationen mit dem Gesamtsystemmodell ohne/mit optimierten Führungsgrößen-Kennfeldern durchgeführt. Die bei der Kundenzyklussimulation für den Motor ohne WHR-System (vgl. Abschnitt 3.4, Kapitel 3) von dem Kühlkreislaufmodell berechneten Lüfterdrehzahlen werden für die aktuellen Simulationen eingesetzt. Die Profile der Motordrehzahlen und -drehmomente werden bei dem Gesamtmodell vorgegeben. In Abbildung 5.10 sind die Randbedingungen der Kundenzyklussimulation für das Gesamtsystem dargestellt.

In Abbildungen 5.11 und 5.12 werden die Simulationsergebnisse von den drei Systemvarianten in einem Abschnitt des Zyklus von 1500 s bis 3000 s, der ein Teil der Autobahnfahrt ist, gegenübergestellt. Die aus den Ergebnissen der WHVC-Zyklussimulationen gewonnen Kenntnisse kann auf den Kundenzyklus übertragen werden.

Es ist ersichtlich, dass aufgrund der stets geänderten Straßengrade ein stark dynamischer Verlauf der Motorlasten gezeigt wird, obwohl das Nutzfahrzeug mit einer quasi stationären Geschwindigkeit auf der Autobahn fährt. Es unterscheidet sich von dem WHVC-Zyklus, bei dem das Fahrzeug durchgängig auf Ebene fährt. Darüber hinaus weisen die dargestellten Größen bei dem Gesamtsystem weniger schwankende Verläufe auf. Es ist auf die thermischen Trägheit des WHR-Systems zurückzuführen, damit sich die aus dem WHR-System gewonnenen zusätzlichen Leistungen über den Zyklus hinweg weniger dynamisch ändern.

Zum Schluss werden die Betriebspunkte des stationären WHSC-Zyklus für den Motor mit Einsatz von dem WHR-System berechnet. Die Simulationen greifen auf das detaillierte Modell des Integrationssystems zurück, da die Kühlmitteltemperatur und -massenstrom am Eintritt des WHR-Kondensators aus den Kennfeldern in Abbildung 3.34 für den HT-Kreislauf bei der Fahrzeuggeschwindigkeit von 80 km/h entnommen werden. Die Berechnungen der Betriebspunkte des WHSC-Zyklus erfolgen ebenfalls bei dem Integrationssystem mit ursprünglicher und optimierter Applikation.

Die Berechnung der spezifischen Kraftstoffverbräuche und Emissionen in den Zyklen, wie in Abschnitt 3.4 beschrieben, erfolgen mit Gl. 2.18 und Gl. 2.19. In Tabelle 5.2 werden die Berechnungsergebnisse der spezifischen Kraftstoffverbräuche und Rohemissionen in den verschiedenen Fahrzyklen und bei den unterschiedlichen Systemen aufgeführt. Bei den spezifischen Krafstoffverbräuchen und NO_x-Rohemissionen werden sowohl die absoluten Werten als auch die prozentualen Vorteile in Bezug auf die Ergebnisse der Simulationen mit dem Motormodell gezeigt.

Die spezifischen Kraftstoffverbräuche bei den transienten Zyklen weisen Ähnlichkeiten auf. Bei dem WHVC-Zyklus wird ein spezifischer Kraftstoffverbrauch um 3,4 % durch Einsatz des WHR-Systems bei dem Motor im Vergleich mit dem Motor ohne WHR-System reduziert. Mit einer Anpassung der Stellgrößen von dem Motor wird eine weitere Kraftstoffeinsparung von 0,4 % erzielt. Der Einsatz des WHR-Systems bei dem Motor ermöglicht bei dem Kundenzyklus eine Reduzierung des spezifischen Kraftstoffverbrauchs von 3,1 %. Mit den optimierten Führungsgrößen-Kennfeldern wird ein zusätzlicher Vorteil von 1 % verschafft. Bei dem stationären Zyklus von WHSC liegen die spezifischen Kraftstoffverbräuche auf einen relativ niedrigeren Niveau. Der prozentuale Vorteil beim Einsatz des WHR-Systems bei dem Motor beträgt 3,4 %. Der Einsatz der optimierten Stellgrößen erbringt einen weiteren Vorteil von 0,8 %. Die zusätzlichen Kraftstoffreduzierungen durch Verwendung der aus Optimierung resultierenden Applikation der Stellgrößen scheinen gering zu sein. Aus Sicht des WHR-Systems, mit dem eine gesamte Kraftstoffeinsparung von ca. 3 % bis 5 % erhalten wird, ist der sich durch Optimierung ergebende Vorteil jedoch nicht klein.

Der Einsatz des WHR-Systems bei dem Motor ohne Anpassung der Applikation der Stellgrößen führt in allen Zyklen zu einer Erhöhung der spezifischen NO_x-Rohemission. Die Anpassung der Applikation ermöglicht hingegen eine gleichzeitige Verringerung der spezifischen Kraftstoffverbräuchen und Emissionen.

Bei allen Zyklen und Systemvarianten ergeben sich sehr geringe Rußemissionen, die auch ohne Einsatz des Abgasnachbehandlungssystems die Anforderungen der Abgasnorm EURO-VI erfüllen.

Tabelle 5.2: Simulationsergebnisse von den spezifischen Kraftstoffverbräuchen und Rohemissionen des Motors ohne/mit WHR-System
sowie ohne/mit optimierten Führungsgrößen-Kennfeldern in
unterschiedlichen Fahrzyklen

		b_e		NO_x		Ruß
		abs. Wert [g/kWh]	Vorteil %	abs. Wert [g/kWh]	Vorteil %	abs. Wert [g/kWh]
	oWHR	197,8	–	2,56	–	0,0110
WHSC	mWHR	191,0	3,4	2,96	-15,7	0,0012
	mWHR$_{Opt}$	189,4	4,2	1,53	40,3	0,00595
	oWHR	206,8	–	1,90	–	0,0023
WHVC	mWHR	199,8	3,4	2,69	-42,3	0,0084
	mWHR$_{Opt}$	198,9	3,8	1,76	6,7	0,00781
	oWHR	205,1	–	2,26	–	0,0237
KZ	mWHR	198,7	3,1	2,79	-23,5	0,0218
	mWHR$_{Opt}$	196,6	4,1	1,83	19,0	0,0046

6 Schlussfolgerungen und Ausblick

Die Forschungs- und Entwicklungsaktivitäten der Nutzfahrzeughersteller sind durch neu eingeführte CO_2-Normen geprägt. Neben den motorischen Maßnahmen sollen auch weitere Technologien zur Effizienzsteigerung der Nutzfahrzeugantriebe gesucht werden. Die Abgaswärmenutzung mittels des Rankine-Prozesses stellt dabei einen vielversprechenden Ansatz dar. Beim Einsatz eines auf Rankine-Prozess basierenden WHR-Systems im Fahrzeug steht es in enger Wechselwirkung mit dem Verbrennungsmotor. Die vorliegende Arbeit setzte sich vor allem zum Ziel, die Wechselwirkungen zwischen den Subsystemen bei der Integration des WHR-Systems in ein Fernverkehr-Nutzfahrzeug mit Hilfe von Simulation qualitativ zu untersuchen. Ein weiteres Ziel dieser Arbeit war, dass das Kraftstoffeinsparpotential durch Verwendung des auf Rankine-Prozess basierenden WHR-Systems unter Berücksichtigung von den Emissionsgrenzwerten aufzuzeigen.

Eine erfolgreiche Untersuchung setzt hohe Qualität des Simulationsmodells voraus. Die Modelle der relevanten Systeme wurden mit Sorgfalt erstellt. Zunächst wurde ein Modell für einen zweistufig aufgeladenen Nutzfahrzeugmotor, der als Basismotor für die Untersuchungen dient, in GT-Power aufgebaut. Da die Kennfelder der Turbolader im Rahmen des Projekts nicht zur Verfügung standen, wurden die Kennfelder mit einer Skalierungsmethode virtuell erstellt. Durch Einsatz der virtuellen Turbolader-Kennfelder bei dem Luft-/Kraftstoffpfadmodell wurde das Verbrennungsmodell abgestimmt. Folglich ergab sich ein virtuelles detailliert aufgebautes Motormodell für den Basismotor. Das Motormodell wurde sowohl stationär als auch transient validiert. Es zeigt sich, dass das Motormodell trotz der eingeschränkten Datenbasis hohe Modellgüte besitzt. Das Motormodell wurde in ein schnelllaufendes FRM umgebaut. Das FRM fand Anwendung bei der späteren Optimierung der Stellgrößen des Motors. Mit dem Motormodell können die Abgaswärme, die dem WHR-System zugeführt werden sollen, berechnet werden. Mit der Skalierungsmethode wurden zwei Varianten der Abgasturbolader abgeleitet. Das Modell von dem zweistufig aufgeladenen Motor wurde durch Anpassung der Abgasstrecke für zwei weitere Motor-Abgasturbolader-Kombinationen umgebaut. Somit ergaben sich insgesamt drei Motor-Abgasturbolader-Kombinationen.

Das Motorkühlsystem dient als die Wärmesenke des WHR-Systems. Im vorangehenden Projekt wurde ein Kühlkreislaufmodell bereits erstellt. Eine Diskussion über Verschaltung des WHR-Kondensators mit dem Kühlkreislauf wurde geführt. Es lässt sich eine Aussage darüber treffen, dass der WHR-Kondensator aufgrund der größeren Kühlmittelmassenströme im HT-Kreislauf nach dem HT-Kühler verschaltet werden soll. Eine Methode zur Bestimmung des Potentials der Kondensationswärmeabfuhr wurde entwickelt. Die Kühlmitteltemperatur und -massenstrom des jeweiligen Betriebspunktes, die dem Potential der Kondensationswärmeabfuhr zugeordnet sind, dienen für die folgenden Untersuchungen als Randbedingung der Kühlung. Anschließend wurde ein Simualtionsmodell für das WHR-System aufgestellt. Die Modellierung des WHR-Systems erfolgte mit den in der Literatur gefundenen Informationen.

Bei den Untersuchungen der Wechselwirkungen der Subsysteme wurde vor allem eine Analyse der äußeren Energiebilanz des integrierten Systems durchgeführt. Mit der Darstellung der äußeren Energiebilanz wurde ein besseres Verständnis für die Energieverteilung innerhalb des Integrationssystems gewonnen. Die prämiere Auswirkung des WHR-Systems auf den Verbrennungsmotor ist die Betriebspunktsverschiebung. Die Auswirkung des durch Einsatz des WHR-AGT-Verdampfers in der AGT-Strecke erhöhten Abgasgegendrucks wurde mit einer Sensitivitätsanalyse bei allen WHSC-Betriebspunkten untersucht. Die Verschlechterung der spezifischen Kraftstoffverbräuche und NO_x-Emission je Erhöhung des zusätzlichen Abgasgegendrucks um 20 mbar wurde berechnet und in eine Tabelle aufgenommen. Für künftige Auslegung der AGT-Strecke eines WHR-Systems können die Werte als eine Orientierung eingesetzt werden.

Die Motorbetriebsparameter wurden bei der Integration des WHR-Systems mit dem Verbrennungsmotor am Beispiel von WHSC-Betriebspunkt Nr. 8 variiert, um die Einflüsse der Betriebsparameter auf die Energieverteilung innerhalb des Integrationssystems darzustellen. Die zuvor aufgebaute drei Motor-Turbolader-Kombinationen wurden bei den Variationsrechnungen miteinander verglichen. Zu den Betriebsparameter zählen die Saugrohrtemperatur, der Ladedruck, die Abgasrückführungsrate, der Einspritzdruck, der Haupteinspritzzeitpunkt, die Voreinspritzmenge und der Voreinspritzbeginn. Die Simulationsergebnisse haben gezeigt, dass die Energiebilanz des Motors maßgeblich von den Betriebsparametern beeinflusst.

Im Hinblick auf das Ziel der Effizienzsteigerung der Antriebe wird die effektive Systemleistung beobachtet:

Werden die Betriebsparameter isoliert betrachtet, erhöhen sich die effektive Systemleistungen bei allen Motor-Turbolader-Kombinationen mit einem zunehmenden Einspritzdruck oder dem nach spät in Richtung von ZOT verschobenen Voreinspritzbeginn. Bei der Verschiebung des Voreinspritzbeginns nach spät ergibt sich nur geringe Leistungssteigerung. Eine erhöhte Saugrohrtemperatur oder eine zunehmende Voreinspritzmenge führt zu reduzierten effektiven Systemleistungen bei allen Motor-Turbolader-Kombinationen. Bei den Betriebsparametern von Ladedruck und AGR-Rate werden je nach den Typen der Abgasturbolader unterschiedliche Verläufe der effektiven Systemleistungen über die Variation hinweg gezeigt. Während die effektive Systemleistung mit zunehmendem Ladedruck oder erhöhter AGR-Rate bei dem Motor mit einem bypassgeregelten Abgasturbolader ansteigt, reduziert sie bei dem Motor mit dem VTG-Abgasturbolader aufgrund der gesteigerten (bei Ladedruckvariation) oder annähernd konstant bleibenden (bei AGR-Rate-Variation) Ladungswechselverluste über die Variation hinweg. Bei der Verschiebung des Haupteinspritzbeginns besteht ein Leistungsgünstiger Bereich.

Im Hinblick auf die aus WHR-System gewonnen zusätzliche Leistung:

Die WHR-Systemleistungen bleiben beinahe konstant mit zunehmender Saugrohrtemperatur oder Voreinspritzmenge oder dem nach spät in Richtung von ZOT verschobenen Voreinspritzbeginn. Sie erhöhen sich mit dem nach spät in Richtung von ZOT verschobenen Haupteinspritzbeginn aufgrund der gesteigerten Abgasenthalpieströme der AGR- und AGT-Strecke. Die Leistungen reduzieren mit zunehmendem Ladedruck oder Raildruck. Bei dem einstufig aufgeladenen Motor mit Waste-Gate ergeben sich keine nennenswerten Änderungen der WHR-Systemleistung aus den Variationsrechnungen.

Die Simulationsergebnisse haben gezeigt, dass die Änderungen der Energieverteilung mit Variation der Betriebsparameter bei dem Motor ohne WHR-System und dem Integrationssystems trotz der Betriebspunktsverschiebung grundsätzlich Ähnlichkeiten aufweisen.

Die Applikation der Stellgrößen muss für das Integrationssystem angepasst werden, um eine maximale Einsparung des Kraftstoffs zu erzielen. Die Anpassung erfolgte mit modellbasierter Optimierung der Führungsgrößen-Kennfelder. Die detailliert erstellten Modelle der Subsysteme sind aufgrund der großen Rechendauer für die Optimierung nicht geeignet. Daher wurde zunächst das WHR-Modell durch die multidimensionalen Kennfelder ersetzt. Die Kennfelder wurden bei dem zuvor erstellten FRM des Motors eingepflegt. Mit diesem vereinfachten Integrationssystemmodell wurde eine DoE-Rechnung durchgeführt. Mit den Ergebnissen der DoE-Rechnung wurde ein statistisches Modell des Integrationssystems erstellt. Anschließend wurde die relevanten Stellgrößen in Bezug auf den minimalen spezifischen Kraftstoffverbrauch in dem gesetzlich definierten WHTC-Zyklus unter Einhaltung der vorgegebenen Emissionsgrenzwerte optimiert. Anschließend wurden die optimierten Führungsgrößen-Kennfelder bei dem Integrationssystemmodell eingesetzt.

Um die Effizienzsteigerung des Antriebssystems mit dem integrierten WHR-System aufzuzeigen, wurden die Fahrzyklussimulationen durchgeführt. Der WHTC-Zyklus ist für solche Simulationen nicht geeignet, da er ohne Berücksichtigung des Fahrzeuggeschwindigkeitsprofils die Motordrehzahlen und -drehmomente definiert. Stattdessen wurde WHVC-Zyklus für die Fahrzyklussimulationen eingesetzt. Das Modell des Integrationssystems wurde so erweitert, dass die detailliert aufgestellten Modelle der Subsysteme, zu denen Verbrennungsmotor, WHR-System und Kühlsystem gehören, miteinander direkt gekoppelt wurden. Zunächst wurde eine WHVC-Zyklussimulation mit dem Motormodell durchgeführt, um eine Vergleichsbasis zu verschaffen. Anschließend fanden die Simulationen für das Gesamtsystem mit der ursprünglichen Applikation und mit den optimierten Führungsgrößen-Kennfeldern statt. Die Ergebnisse haben gezeigt, dass bei dem WHVC-Zyklus eine Reduzierung des spezifischen Kraftstoffverbrauchs um 3,4 % durch Einsatz des WHR-Systems bei dem Motor im Vergleich mit dem Motor ohne WHR-System erreicht wird. Mit einer Anpassung der Stellgrößen von dem Motor wird eine weitere Kraftstoffeinsparung von 0,4 % erzielt. Des Weiteren wurden die Simulationen für einen Kundenzyklus durchgeführt, um die Effizienzsteigerung mittels des WHR-Systems unter realen Fahrbedingungen zu bewerten. Der Einsatz des WHR-Systems bei dem Motor ermöglicht bei dem Kundenzyklus eine Reduzierung des spezifischen Kraftstoffverbrauchs von 3,1 % in Bezug auf den Motor ohne WHR-System.

Mit den optimierten Führungsgrößen-Kennfeldern wird ein zusätzlicher Vorteil von 1 % verschafft. Zum Schluss wurde der stationäre WHSC-Zyklus berechnet. Es zeigt sich, dass eine Kraftstoffeinsparung durch Einsatz des WHR-Systems von 3,4 % in Bezug auf den Motor ohne WHR-System und mit der optimierten Applikation eine maximale Einsparung von 4,2 % erhalten werden. Der Einsatz des WHR-Systems ohne Anpassung der Motorsteuerung führt zu erhöhter NO_x-Emission im Fahrzyklus. Die Anpassung der Stellgrößen ermöglicht eine gleichzeitige Reduzierung von Kraftstoffverbrauch und NO_x-Emission.

Bei den künftigen Untersuchungen und Entwicklungen eines Gesamtantriebssystems mit Verbrennungsmotor und Abgaswärmenutzungssystem, besonders in der Entwicklungsphase, ist es möglich, dass eingeschränkte Daten und Informationen zur Verfügung stehen. Die Vorgehensweise der Untersuchung und verwendeten Methoden in der vorliegenden Arbeit können als eine Orientierung dafür gesetzt werden. Die Ergebnisse in der Arbeit können für die weiteren Untersuchungen als Referenz verwendet werden. Die Untersuchungen in der vorliegenden Arbeit wurden ohne Berücksichtigung des Abgasnachbehandlungssystems durchgeführt. Mit geeigneter Methode lassen die Ergebnisse entsprechend skalieren.

Literaturverzeichnis

[1] Verordnung (EG) Nr. 2037/2000 des Europäischen Parlaments und des Rates vom 29. Juni 2000 über Stoffe, die zum Aufbau der Ozonschicht führen.

[2] Turbocharger Gas Stand Test Code. In: *SAE* (1995)

[3] AMICABILE, Simone ; LEE, Jeong-Ik ; KUM, Dongsuk: A comprehensive design methodology of organic Rankine cycles for the waste heat recovery of automotive heavy-duty diesel engines. In: *Applied Thermal Engineering* 12 (2015), Mai, Nr. 1, S. 3–5

[4] BAEHR, H. (Hrsg.) ; STEPHAN, K. (Hrsg.): *Wärme- und Stoffübertragung*. Springer Verlag, 2008

[5] BARBA, Christian: *Erarbeitung von Verbrennungskennwerten aus Indizierdaten zur verbesserten Prognose und rechnerischen Simulation des Verbrennungsablaufes bei Pkw-DE-Dieselmotoren mit Common-Rail-Einspritzung*, Eidgenössischen Technischen Hochschule Zürich, Dissertation, 2001

[6] BARGENDE, Michael: *Ein Gleichungsansatz zur Berechnung der instationären Wandwärmeübergänge im Hochdruckteil von Ottomotoren*, Technische Hochschule Darmstadt, Dissertation, 1991

[7] BAUMANN, W. ; RÖPKE, K. ; STELZER, S. ; FRANK, A.: Model-Based Calibration Process for Diesel Engines. In: *4. Internationales Symposium für Entwicklungsmethodik. Wiesbaden* (2011)

[8] BELL, Clay ; ZIMMERLE, Daniel ; BRADLEY, Thomas ; OLSEN, Daniel ; YOUNG, Peter: Scalable turbocharger performance maps for dynamic state-based engine models. In: *International of Engine Research* 17(7) 705-12 (2016)

© Der/die Herausgeber bzw. der/die Autor(en), exklusiv lizenziert an
Springer Fachmedien Wiesbaden GmbH, ein Teil von Springer Nature 2024
K. Yang, *Simulative Untersuchung zur Effizienzsteigerung des Nutzfahrzeugantriebs mittels eines auf Rankine-Prozess basierenden Restwärmenutzungssystems*, Wissenschaftliche Reihe Fahrzeugtechnik Universität Stuttgart, https://doi.org/10.1007/978-3-658-43655-1

[9] BELL, Clay S.: *State-Based Engine Models for transient Applications with a scalable Approach to Turbocharging*, Colorado State University, Dissertation, 2015

[10] BERGER, Benjamin: *Modeling and Optimization for Stationary Base Engine Calibration*, Technische Universität München, Dissertation, 2012

[11] BITTERMANN, A. ; KRANAWETTER, E. ; LADEIN, J. ; EBNER, T. ; ALTENSTRASSER, H. ; KOEGELER, H. M. ; GSCHWEITL, K.: Emissions Development of Vehicle Diesel Engines by Means of DoE and Computer Simulation. In: *6th IFAC Symposium Advances in Automotive Control* (2004)

[12] BRONSTEIN, I. N. (Hrsg.) ; SEMENDJAJEW, K. A. (Hrsg.) ; MUSIOL, G. (Hrsg.) ; MUHLIG, H. (Hrsg.): *Taschenbuch der Mathematik*. Verlag Harri Deutsch, 2000

[13] CHEN, S.K. ; FLYNN, P.F.: Development of a Single Cylinder Compression Ignition Research Engine. In: *SAE* (1965), Nr. 650733

[14] COURANT, R. ; LEWY, K.O Friedrichsand H.: Über die partiellen Differenzengleichungen der mathematischen Physik. In: *Math.Ann.100* (1928)

[15] DANISCH, T.: Bis zu 15 Prozent besserer Gesamtwirkungsgrad für den Ottomotor. In: *ATZ-Online* (2005)

[16] DIESELNET.COM: *World Harmonized Vehicle Cycle (WHVC)*. `https://dieselnet.com/standards/cycles/whvc.php`

[17] FENIMORE, C. P.: Formation of Nitric Oxide in Premixed Hydrocarbon Flames. In: *13th Symp. (Int'l.) on Combustion* (1971)

[18] FERU, Emanuel: *Auto-calibration for efficient diesel engines with a waste heat recovery system*, Technische Universiteit Eindhoven, Dissertation, 2015

[19] FISCHER, Gerald D.: *Expertenmodell zur Berechnung der Reibungsverluste von Ottomotoren*, Technische Universität Darmstadt, Dissertation, 2000

[20] FKFS (Hrsg.): *Bedienungsanleitung zur GT-Power-Erweiterung User-Cylinder, Version 2.5.3.* FKFS, 2017

[21] FREYMANN, R. ; RINGLER, J. ; M.SEIFERT ; HORST, T.: Der Turbosteamer der zweiten Generation. In: *MTZ 73.2*

[22] GAUTHIER, Yvan (Hrsg.): *Einspritzdruck bei modernen PKW-Dieselmotoren.* Vieweg+Teubner, 2009

[23] GRAICHEN, Prof. Dr.-Ing. K. (Hrsg.): *METHODEN DER OPTIMIERUNG UND OPTIMALEN STEUERUNG.* Institut für Mess-, Regel- und Mikrotechnik, Fakultät für Ingenieurwissenschaften und Informatik, Universität Ulm, 2017

[24] GRELET, Vincent: *Rankine cycle based waste heat recovery system applied to heavy duty vehicles : topological optimization and model based control*, Universite De Lyon, Dissertation, 2016

[25] GRILL, M. ; BARGENDE, M.: The Development of an Highly Modular Designed Zero-Dimensional Engine Process Calculation Code. In: *SAE Int.J. Engines 3(1)* 11 (2010)

[26] GRILL, M. ; BARGENDE, M. ; BERNER, H.-J. ; CHIODI, M.: Calculating the thermodynamic properties of burnt gas and vapor fuel for user-defined fuels. In: *MTZ Worldwide* (2007), S. 30–35

[27] GRILL, Michael: *Objektorientierte Prozessrechnung von Verbrennungsmotoren*, Fakultät Maschinenbau, Universität Stuttgart, Dissertation, 2006

[28] GUILLAUME, Ludovic: *On the design of waste heat recovery organic Rankine cycle systems for engines of long-haul trucks*, UNIVERSITY OF LIEGE, Dissertation, 2017

[29] GUNDLACH, Carsten: *Entwicklung eines ganzheitlichen Vorgehensmodells zur problemorientierten Anwendung der statischen Versuchsplanung*, Universität Kassel, Dissertation, 2004

[30] HARTMANN, Andreas: *Energie- und Wärmemanagement mit thermischer Rekuperation für Personenkraftwagen*, Technische Universität Carolo-Wilhemina zu Braunschweig, Dissertation, 2013

[31] HEGHMANNS, Alexander: *Konzeption, Optimierung und Evaluation von thermoelektrischen Generatorsystemen für den Einsatz in diesel-elektrischen Lokomotiven*, Technische Universität Dresden, Dissertation, 2016

[32] HEYWOOD, John B.: Internal Combustion Engine Fundamentals. In: *McGraw Inc, Massachusetts Institute of Technology* (1988), S. 248–255

[33] HIROYASU, H. ; KADOTA, T. ; ARAI, M.: Development and Use of a Spray Combustion Modeling to Predict Diesel Engine Efficiency and Pollutant Emissions (Part 2 Computational Procedure and Parametric Study).

[34] HIROYASU, H. ; KADOTA, T. ; ARAI, M.: Development and Use of a Spray Combustion Modeling to Predict Diesel Engine Efficiency and Pollutant Emissions (Part 1 Combustion Modeling). In: *Bulletin of the JSME* (1983), April, Nr. 214

[35] HOEPKE, Erich (Hrsg.) ; BREUER, Stefan (Hrsg.): *Nutzfahrzeugtechnik, 8. Auflage.* Springer Vieweg, 2016

[36] HOHENBERG, Günter: Experimentelle Erfassung der Wandwärme in Kolbenmotoren. In: *Habilitationsschrift, Technische Universität Graz* (1980)

[37] HOHLBAUM, B.: *Beitrag zur rechnerischen Untersuchung der Stick-stoffoxid-Bildung schnelllaufender Hochleistungsdieselmotoren*, Universität Fridericiana Karlsruhe, Dissertation, 1992

[38] HORST, Tilmann A.: *Betrieb eines Rankine-Prozesses zur Abgaswär-menutzung im PKW*, Technischen Universität Carolo-Wilhelmina zu Braunschweig, Dissertation, 2015

[39] JUNG manuel: *Auslegung eines clausius-Rankine-Zyklus mit Kolbenex-pansionsmaschine für die Anwendung im schweren Nutzfahrzeug*, Fakultät für Maschinenbau der Ruhr-Universität Bochum, Dissertation, 2014

[40] JUSTIZ, Bundesamt für: *Bundes-Klimaschutzgesetz (KSG).* https://www.gesetze-im-internet.de/ksg/BJNR251310019.html

[41] KAAL, Benjamin: *Phänomenologische Modellierung der stationären und transienten Stickoxiemissionen am Dieselmotor*, Universität Stuttgart, Dissertation, 2016

[42] KLEIN, Philipp: *Zylinderdruckbasierte Füllungserfassung für Verbrennungsmotoren*, Universität Siegen, Dissertation, 2009

[43] KNOHL, Torsten: *Anwendung kunstlicher neuronaler Netze zur nichtlinearen adaptiven Regelung*, Ruhr-Universität Bochum, Dissertation, 2000

[44] KOŽCH, Peter: *Ein phänomenologisches Modell zur kombinierten Stickoxid- und Rußberechnung bei direkteinspritzenden Dieselmotoren*, Fakultät Maschinenbau, Universität Stuttgart, Dissertation, 2004

[45] KOWALCZYK, Marek: *Online-Methoden zur effizienten Vermessung von statischen und dynamischen Verbrennungsmotormodellen*, Technische Universität Darmstadt, Dissertation, 2018

[46] KRUSE, T. ; KURZ, S. ; LANG, T.: Modern Statistical Modeling and Evolutionary Optimization Methods for the Broad Use in ECU Calibration. In: *6th IFAC Symposium Advances in Automotive Control* (2010)

[47] KÖRNER, Jan E.: *Niedertemperatur-Abwärmenutzung mittels Organic-Rankine-Cycle im mobilen Einsatz*, Universität Rostock, Dissertation, 2013

[48] KÖTTER, H.: Kennfeldoptimierung: Rechnergestützte Kennfeldoptimierung. In: *FVV Abschlussbericht Vorhaben Nr.836* (2007)

[49] LANGEHEINECKE, Klaus (Hrsg.): *Thermodynamik für Ingenieure Ein Lehr- und Arbeitsbuch für das Studium, 9. Auflage.* Springer Vieweg, 2013

[50] LAVOIE, G. A.: Experimental and Theoretical Investigation of Nitric Oxide Formation in Internal Combustion Engines. In: *Combustion Science and Technology* (1970), Nr. 1

[51] LÜDDECKE, Bernhardt: *Stationäres und instationäres Betriebsverhalten von Abgasturboladern*, Universität Stuttgart, Dissertation, 2015

[52] M., Schwarzmeier: *Der Einfluss des Arbeitsprozessverlaufs auf den Reibungsmitteldruck von Dieselmotor*, Technische Universität München, Dissertation, 1992

[53] McKay, M. D. ; Conover, W. J. ; Beckman, R. J.: A Comparison of Three Methods for Selecting Values of Input Variables in the Analysis of Output from a Computer Code. In: *Technometrics 21* (1979)

[54] Mirfendreski, Aras: *Entwicklung eines echtzeitfähigen Motorströmungs- und stickoxidmodells zur Kopplung an einen HiL-Simulator*, Universität Stuttgart, Dissertation, 2017

[55] Mohr, M. ; Jaeger, L. ; Boulouchos, K.: Einfluss von Motorparametern auf die Partikelemission. In: *MTZ - Motortechnische Zeitschrift* (2001), S. 686–692

[56] Mollenhauer, K. (Hrsg.) ; Tschöke, H. (Hrsg.): *Handbuch Dieselmotoren*. Springer-Verlag Berlin Heidelberg, 2007

[57] Morris, M. ; Mitchell, T.: Exploratory design for computational experiments. In: *Journal of Statistical Planning and Inference 34(26)* (1995)

[58] Nelder, J. A. ; Mead, R.: A simplex method for function minimization. In: *Computer Journal* (1965)

[59] Nelles, O. (Hrsg.): *Nonlinear System Identification*. Springer, Berlin, 2001

[60] Neugebauer, S. ; Eder, A. ; Liebl, J. ; M.Seifert ; Strobl, W.: Analysieren, Verstehen und Gestalten – ein Gesamtansatz zur konsequenten Vermeidung von Wärmeverlusten. In: *15. Aufladetechnische Konferenz Dresden* (2010)

[61] Nessler, Adrian: *Optimierungsstrategien in der modellbasierten Dieselmotorenentwicklung*, Technische Universität Berlin, Dissertation, 2015

[62] NIST: Reference Fluid Thermodynamic and transport properties Database (REFPROP). In: *National Institute of Standards and Technology (NIST)* (2016)

[63] OECHSLEN, Holger: Systematische Entwicklung eines hermetisch dichten WHR-Systems für Nfz-Anwendung. In: *3. Schweizer ORC-Symposium* (2016)

[64] PARK, S.: Optimal Latin-Hypercube Designs for Computer Experiments. In: *Journal of StatisticalPlanning and Inference (39)* (1994)

[65] PARLAMENT, Europäisches: VERORDNUNG (EU) 2019/1242 DES EUROPÄISCHEN PARLAMENTS UND DES RATES zur Festlegung von CO_2-Emissionsnormen für neue schwere Nutzfahrzeuge und zur Änderung der Verordnungen (EG) Nr. 595/2009 und (EU) 2018/956 des Europäischen Parlaments und des Rates sowie der Richtlinie 96/53/EG des Rates.

[66] PARLAMENT, Europäisches: Regelung Nr. 49 der Wirtschaftskommission für Europa der Vereinten Nationen (UN/ECE) - Einheitliche Bestimmungen hinsichtlich der Maßnahmen, die gegen die Emission von gasförmigen und partikelförmigen Schadstoffen zu treffen sind. (2013)

[67] P.GLONEGGER ; C.WEISKIRCH ; M.ERATH ; P.PRIBYL ; R.CADLE: MAN D26 Two Stage development, heavy duty comercial engines optimized with respect on low fuel consumption and emissions. In: *21st Supercharging Conference, Dresden, MAN Truck & Bus AG, Honeywell* 29 (2016), Nr. 1

[68] PISCHINGER, S. (Hrsg.): *Vorlesungsumdruck „Verbrennungskraftmaschinen I“*. 26. Auflage, RWTH-Aachen, 2007

[69] PREISSINGER, Markus ; SCHWÖBEL, Johannes: Design, Herstellung und Test eines idealen Rankine-Fluids für die Abgaswärmenutzung in der mobilen Anwendung. In: *Univrsität Bayreuth, Lehrstuhl für Technische Thermodynamik und Transportprozesse, FVV. Vorhaben Nr.155* 30 (2015), September, Nr. 1, S. 95

[70] PUCHER, Helmut (Hrsg.) ; ZINNER, Karl (Hrsg.): *Aufladung von Verbrennungsmotoren, 4. Auflage*. Springer Vieweg, 2012

[71] PUDENZ, K.: BMW will Abwärme nutzen. In: *ATZ-Online* (2011)

[72] RAUSCHER, Matthias: *Bewertung und Vergleich von Abgaswärmenut-zungstechnologien in Kraftfahrzeugen unter Berücksichtigung realer Anwendungsbedingungen*, Universität Duisburg-Essen, Dissertation, 2015

[73] RENNER, Dominik ; SCHYDLO, Dr. A.: Holistic 1D-Model for Cooling Management and Engine Analysis of a Heavy-Duty Truck. In: *MAN Truck & Bus AG* (2015)

[74] RENNINGER, P.: Schnelle Variationsraumbestimmung - Vorraussetzung für eine effektive Versuchsplanung. In: *Motorenentwicklung auf dynamischen Prüfständen* (2004)

[75] RENNINGER, P. ; ALEKSANDEROV, M.: Rapid Hull Determination: a new method to determine the design space for model based approaches. In: *RÖPKE, K. (Hrsg.):Design of Experiments (DoE) in Engine Development II* (2005)

[76] SCHEUERMANN ; AL, Segawa et: Die neue Generation der Abgasturbolader für Dieselmotoren von IHI. In: *Aufladetechnische Konferenz* (2015)

[77] SCHLOSSER, A. (Hrsg.) ; SCHÖNFELDER, C. (Hrsg.) ; HENDRIKK, M. (Hrsg.) ; PISCHINGER, S. (Hrsg.) ; SENTIS, T. (Hrsg.): *Automated ECU-Calibration - Example: Torque Structure of Gasoline Engine, Design of Experiments (DoE) in Engine Development V*. Expert-Verlag, 2009

[78] SEHER, Dieter ; LENGENFELDER, Thomas ; GERHARDT, Jürgen: Waste Heat Recovery for Commercial Vehicles with a Rankine Process. In: *Robert Bosch GmbH, 21st Aachen Colloquiqum Automobile and Engine Technology* 15 (2012), Nr. 1, S. 12–14

[79] SEQUENZ, Heiko: *Emission Modelling and Model-Based Optimisation of the Engine Control*, Technische Universität Darmstadt, Dissertation, 2013

[80] SEUME, J. R. ; M. PETERS, H. K.: Design and test of a 10kW ORC supersonic turbine generator. In: *Journal of Physics: Conference Series (JPCS)* 11 (2017), Nr. 821 012023

[81] SHAH, M.M.: Chart correlation for saturated boiling heat transfer: equations and further study. In: *ASHRAE transactions 88* (1982)

[82] SIEBERTZ, Karl (Hrsg.) ; HOCHKIRCHEN, Thomas (Hrsg.) ; BEBBER, David van (Hrsg.): *Statistische Versuchsplanung Design of Experiments (DoE), 2. Auflage.* Springer Vieweg, 2017

[83] SKARKE, Philipp: *Simulationsgestützter Funktionsentwicklungsprozess zur Regelung der homogenisierten Dieselverbrennung*, Universität Stuttgart, Dissertation, 2016

[84] SOMMERMANN, Andreas ; WEISKIRCH, Dr. C. ; HYNA, D. ; LICHTENSTERN, S.: Vergleich verschiedener Aufladekonzepte an einem Heavy-Duty-Nutzfahrzeugmotor im Hinblick auf zukünftige Abgasgesetzgebungen. In: *Ladungswechsel im Verbrennungsmotor 2014* (2014)

[85] STANZEL, Nicolas ; STREULE, Thomas ; PREISSINGER, Markus ; BRÜGGEMANN, Dieter: Comparison of Cooling System Designs for an Exhaust Heat Recovery System Using an Organic Rankine Cycle on a Heavy Duty Truck. In: *Energies 2016, doi:10.3390/en9110928* (2016)

[86] TECHNOLOGIES, Gamma (Hrsg.): *Flow Theory Manual.* Gamma Technologies, 2019

[87] TECHNOLOGIES, Gamma (Hrsg.): *GT-SUITE Air Conditioning and Waste Heat Recovery Tutorials.* Gamma Technologies, 2019

[88] TECHNOLOGIES, Gamma (Hrsg.): *GT-SUITE Engine Performance Application Manual.* Gamma Technologies, 2019

[89] TECHNOLOGIES, Gamma (Hrsg.): *GT-SUITE Online-Help: MultiDScatterData - Multidimensional Lookup Table Using Scattered Data.* Gamma Technologies, 2019

[90] TECHNOLOGIES, Gamma (Hrsg.): *GT-SUITE Vehicle Driveline and HEV Application Manual.* Gamma Technologies, 2019

[91] TEMMLER, Michael: *Steuergerätetaugliche Verbrennungsoptimierung mit physikalischen Modellansätzen*, Universität Stuttgart, Dissertation, 2014

[92] THE MATHWORKS, Inc. (Hrsg.): *Deep Learning Toolbox, User's Guide R2019a*. The MathWorks, Inc., 2019

[93] THE MATHWORKS, Inc. (Hrsg.): *Model-Based Calibration Tollbox, Model Browser User's Guid R2019a*. The MathWorks, Inc., 2019

[94] THE MATHWORKS, Inc. (Hrsg.): *Optimization Toolbox, User's Guide R2019a*. The MathWorks, Inc., 2019

[95] TÄNZLER, Andre G.: *Experimentelle Untersuchung eines Dual-Fuel-Brennverfahrens für schwere Nutzfahrzeugmotoren*, Universität Stuttgart, Dissertation, 2017

[96] UHLMANN ; HÖPKE ; AL, Scharf et: Best-In-Class Turbochargers for Best-In-Class Engines. In: *Aufladetechnische Konferenz* (2012)

[97] VETTER, Christian: *Thermodynamische Auslegung und transiente Simulation eines überkritischen Organic Rankine Cycles für einen Leistungsoptimierten Betrieb*, Karlsruher Institut für Technologie, Dissertation, 2014

[98] VIBE, I. (Hrsg.): *Brennverlauf und Kreisprozess von Verbrennungsmotoren*. VEB Verlag Technik, 1970

[99] WASCHATZ, U. (Hrsg.): *Statistische Versuchsplanung - zuverlässiger und schneller zu Ergebnissen*. DLR-Wissenschaftszentrum, Braunschweig, 2003

[100] WENZEL, Paul: *Modellierung der Ruß- und NO_x-Emission des Dieselmotors*, Fakultät für Maschinenbau, Otto-von-Guericke-Universität Magdeburg, Dissertation, 2006

[101] WILLEMS, Frank ; DONKERS, M. C. F. ; KUPPER, Frank: Optimal Control of Diesel Engines with Waste Heat Recovery System. In: *Optimization and Optimal Control in Automotive Systems* (2014)

[102] WOSCHNI, G.: Die Berechnung der Wandverluste und der thermischen Belastung der Bauteile von Dieselmotoren. In: *MTZ - Motortechnische Zeitschrift* (1970), S. 491–499

[103] XU, Bin: *Plant Modeling, Model Reduction and Power Optimization for an Organic Rankine Cycle Waste Heat Recovery System in Heavy Duty Diesel Engine Applications*, Clemson University, Dissertation, 2017

[104] XU, Miao ; CHEN, Yazheng: *Entwicklung eines Längsdynamikmodells zur Effizienzsteigerung von einem Nutzfahrzeug, Studienarbeit.* 2019

[105] YAN, Y.Y. ; LIO, H.C. ; LIN, T.F.: Condensation heat transfer and pressure drop of refrigerant R-134a in a plate heat exchanger. In: *International Journal of Heat and Mass Transfer, 42(6), 993-1006* (1999)

[106] YANG, Kangyi ; GRILL, Michael ; BARGENDE, Michael: Evaluation of Engine-Related Restrictions for the Global Efficiency by Using a Rankine Cycle-Based Waste Heat Recovery System on Heavy Duty Truck by Means of 1D-Simulation. In: *SAE* (2018), Nr. 2018-01-1451

[107] YANG, Kangyi ; GRILL, Michael ; BARGENDE, Michael: A Simulation Study of Optimal Integration of a Rankine Cycle Based Waste Heat Recovery System into the Cooling System of a Long-Haul Heavy Duty Truck. In: *SAE* (2018), Nr. 2018-01-1779

[108] ZELDOVICH, J. B.: The Oxidation of Nitrogen in Combustion and Explosions. In: *Acta Physicochimica* (1946), Nr. 21

Anhang

A.1 Wärmekapazität des Abgases

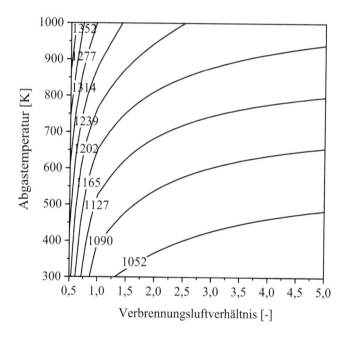

Abbildung A1.1: Kennfeld der spezifischen Wärmekapazität des Abgases in J/kgK

A.2 Bestimmtheitsmaß

Das Bestimmtheitsmaß (engl. coefficient of determination), bezeichnet mit R^2, wird als ein Kriterium zur Beurteilung der Modellgüte verwendet. Es ist ein Maß für die Abweichungen der mit Simulationsmodell berechneten bzw. vorher-

© Der/die Herausgeber bzw. der/die Autor(en), exklusiv lizenziert an
Springer Fachmedien Wiesbaden GmbH, ein Teil von Springer Nature 2024
K. Yang, *Simulative Untersuchung zur Effizienzsteigerung des Nutzfahrzeugantriebs
mittels eines auf Rankine-Prozess basierenden Restwärmenutzungssystems*, Wissenschaftliche
Reihe Fahrzeugtechnik Universität Stuttgart, https://doi.org/10.1007/978-3-658-43655-1

gesagten Daten von den gemessenen Daten. Konkret entspricht R^2 dem Anteil der Variation der Modellvorhersagen, der sogenannten erklärten Summe der Abweichungsquadrate (engl. Sum of Squares Explained, **SSE**), an der Variation der beobachteten Werte der abhängigen Variablen, der sogenannten Gesamtsumme der Abweichungsquadrate (engl. Sum of Squares Total, **SST**). R^2 kann als Anteil erklärter Varianz interpretiert werden und nimmt Werte zwischen 0 und 1 an. $R^2 = 0$ bedeutet, daß die unabhängigen Variablen keine Vorhersage der Zielvariablen erlauben. $R^2 = 1$ weist auf eine perfekte Modellanpassung hin. Mathematisch wird das Bestimmtheitsmaß mit Gl. A2.1 formuliert:

$$R^2 = \frac{\Sigma(\hat{y}_i - \bar{y})^2}{\Sigma(y_i - \bar{y})^2} \qquad \text{Gl. A2.1}$$

A.3 Vorsteuerung für Massenstrom des Arbeitsmediums durch den AGT-Verdampfer

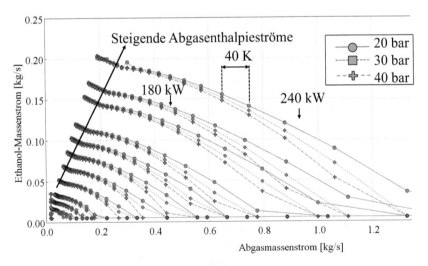

Abbildung A3.1: Vorsteuerungskennlinien für Massenstrom des Arbeitsmediums (AGT-Verdampfer)

A.4 Simulationsergebnisse im WHTC-Zyklus

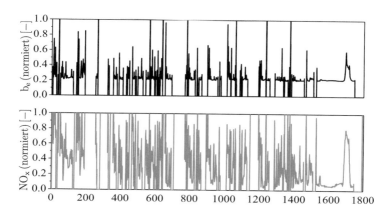

Abbildung A4.1: Simulationsergebnisse des spezifischen Kraftstoffverbrauchs und der spezifischen NO_x-Rohemission im WHTC-Zyklus (normiert)

A.5 Modell der Fahrzeuglängsdynamik

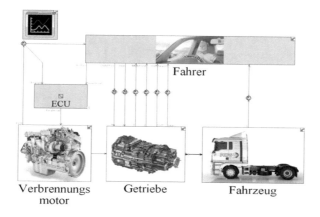

Abbildung A5.1: Simulationsmodell des Fahrzeugs in GT-Suite [104]

A.6 Äußere Energiebilanz bei Variation der Voreinspritzparameter

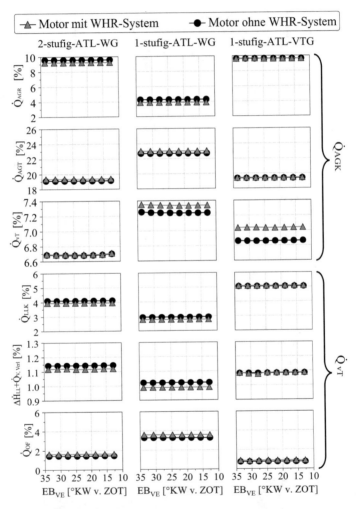

Abbildung A6.1: Äußere Energiebilanz des Motors mit unterschiedlichen Auf-
ladekonzepten und mit/ohne WHR-System bei Variation des
Voreinspritzzeitpunktes im WHSC-Betriebspunkt Nr. 8 mit
$n_{Mot}=1310 \frac{1}{min}$, $M_{Mot}=1154$ Nm, Bild ②

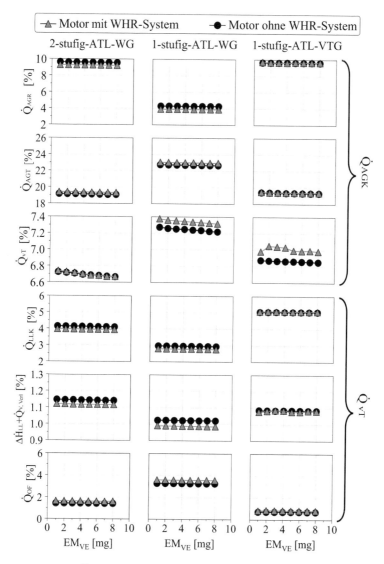

Abbildung A6.2: Äußere Energiebilanz des Motors mit unterschiedlichen Aufladekonzepten und mit/ohne WHR-System bei Variation der Voreinspritzmenge im WHSC-Betriebspunkt Nr. 8 mit $n_{Mot}=1310 \frac{1}{min}$, $M_{Mot}=1154$ Nm, Bild ②

A.7 Modellgüte des statistischen Modells von Integrationssystem

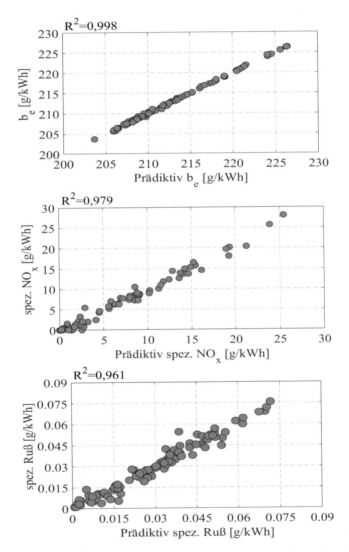

Abbildung A7.1: Güte der statistischen Modelle am Beispiel von dem Betriebspunkt mit n_{Mot}=1310 $\frac{1}{min}$, M_{Mot}=577 Nm

Printed in the United States
by Baker & Taylor Publisher Services